塔里木河流域
生态保护修复分区及适配水量

◎ 凌红波　邓晓雅　张广朋　徐生武　等　著

中国农业科学技术出版社

图书在版编目（CIP）数据

塔里木河流域生态保护修复分区及适配水量 / 凌红波等著． -- 北京：中国农业科学技术出版社，2024. 7.

ISBN 978-7-5116-6980-3

Ⅰ. X143

中国国家版本馆CIP数据核字第 2024351SB0 号

审图号：新S（2024）265号

责任编辑	申　艳
责任校对	王　彦
责任印制	姜义伟　王思文

出 版 者	中国农业科学技术出版社
	北京市中关村南大街 12 号　　邮编：100081
电　　话	（010）82103898（编辑室）　　（010）82106624（发行部）
	（010）82109709（读者服务部）
网　　址	https:// castp.caas.cn
经 销 者	各地新华书店
印 刷 者	北京建宏印刷有限公司
开　　本	185 mm×260 mm　1/16
印　　张	14.5
字　　数	345 千字
版　　次	2024 年 7 月第 1 版　　2024 年 7 月第 1 次印刷
定　　价	128.00 元

《塔里木河流域生态保护修复分区及适配水量》

著者名单

主　　著：凌红波　邓晓雅　张广朋　徐生武　郑　刚

参著人员：许　佳　闫俊杰　孔子洁　韩飞飞　单钱娟

　　　　　王光焰　谭　晶　肖玉磊　章　瑜　陈世平

　　　　　苑塏烨　张　沛　付　嘉　田　龙　王一峰

　　　　　牛文倩　邓　悦　杨　益　何发强　陈小强

　　　　　张小清　迟苗苗　冯　娟

前　言

　　旱区（dryland）是指干旱指数即年均降水量与年均潜在蒸发量的比值小于0.65的区域，包括半湿润区、半干旱区、干旱区及极端干旱区，约占地球陆地总面积的37.2%，分布着全世界近35.5%的人口。由于持续性的缺水，旱区生态系统难以出现如中生生态系统连续的维管植物分布，但温度和辐射条件的优势使旱区仍贡献了全球42.1%的净初级生产力，是全世界重要的灌区和牧区，更在全球长时间碳汇的发展趋势中发挥着重要作用。旱地生态系统脆弱且对人类活动干扰和全球变化非常敏感，特别在旱区的河流流经区，农业灌溉规模无序扩张、拦河筑坝等不合理的水土资源开发与分配造成了严重的生态危机，诸如在中亚咸海流域、中国西北内陆河流域等区域出现了河流断流、湖泊干涸、生态廊道萎缩、沙漠化等现象。

　　新疆塔里木河流域面积102.70万km²，全长2 179 km，由阿克苏河、叶尔羌河、和田河、开都—孔雀河、喀什噶尔河、克里雅河、车尔臣河、迪那河、渭干—库车河和塔里木河干流"九源一干"144条中小河流汇聚而成，是我国最大的内陆河流域、世界第五大内陆流域。塔里木河流域基本涵盖了新疆南疆五地州，人口超过1 200万，是以维吾尔族为多数的多名族聚集区，塔里木河享有"生命之河""母亲之河"的美誉。流域所在地区与吉尔吉斯斯坦、塔吉克斯坦、巴基斯坦等5个国家接壤，是我国面向中亚、西亚开放的"桥头堡"和"中—巴经济走廊"的重要通道，是国家重大战略"丝路经济带"建设核心区，地理位置独特，地缘优势明显。塔里木河流域自然资源丰富，是我国最大的长绒棉产区和21世纪中国能源接替区，战略地位突出。同时也是我国生态安全战略格局"两屏三带"中北方防沙带和生态文明廊道的重要组成部分，是国家"沙漠阻击战"的重要片区，生态区位不可替代。

　　历史时期塔里木河水系不断变迁，自20世纪50年代开始，大规模的水土资源开发深刻地改变了流域水文生态格局。1962年罗布泊彻底干涸，1972年塔里木河干流下游大西海子水库的修建导致下游河道断流，车尔臣河的自然改道使得台特玛湖在1983年干涸。塔里木河下游的断流导致地下水矿化度升高、植被衰败死亡、沙漠化等严重的自然灾害。塔里木河下游生态廊道的萎缩，导致G218国道存在沙埋道路、风沙侵袭车辆的风险，严重威胁交通安全。为拯救破败的塔里木河下游"绿色廊道"，2001年国务院批复了《塔里木河流域近期综合治理规划报告》，该规划报告指出，通过源流灌区工程改造等措施，干流阿拉尔来水量达到46.5亿m³，大西海子断面下泄水量3.5亿m³，水流到台特玛湖，使塔里木河干流上中游植被得到有效保护和恢复，下游生态环境得到初步改善。经过20余年持续的生态输水，塔里木河下游生态环境得到明显改善，河岸两侧1 km范围内地下水埋深恢复到2~4 m，植物物种由17种增加至46种，植被面积增加了961.19 km²，台特玛湖湖泊湿地景观再现且多年最大湖面面积达到100 km²以上，流域生态保护修复取得了举世瞩目的成效。

塔里木河流域内具有由荒漠河岸林、绿洲—荒漠过渡带以及天然湖泊湿地等共同构成的生态系统，是保障流域生态安全和国家重大战略实施最为重要的天然屏障。保护修复天然屏障并保障其生态用水，成为建设流域生态文明、构建"山水林田湖"生命共同体、实现流域高质量发展的必要前提。但目前流域还存在着生态保护目标与范围不清、生态需水计算不够科学、生态需水时空目标缺失等问题，致使流域水资源优化配置、生态保护修复水量供给和生态水利工程布局规划等缺少可靠的科学依据和技术支撑。为巩固和提升流域综合治理成效，进一步优化塔里木河流域综合治理方案，特开展本书中的研究工作，以植被发展稳定状态和流域生态安全需求为参考，判别并界定生态保护修复的空间范围；基于水文生态过程的响应机理研究成果，提出相应的生态保护修复目标；构建不同植被类型的生态需水计算模型，明确生态保护及修复需水量的时空格局；计算"九源一干"河道内生态需水过程，模拟河流不同河段水量转化过程，厘定不同河段的渗漏水量；在考虑敏感对象和重要湖泊湿地保护实际需求的基础上，提出以河流主要控制断面为主的生态水量目标，从而为塔里木河流域生态保护及水资源配置提供必要的科学依据和技术支撑。本书亦可为相似流域的相关研究工作提供一个可参考的技术框架和新颖的研究方法。

本书的撰写和出版得到新疆维吾尔自治区重点研发计划"塔里木河流域生态水高效利用与优化配置关键技术研究"项目（2022B03024）、中国科学院基础与交叉前沿科研先导专项"变化环境下生态水文过程及水资源效应"课题（XDB0720102）、新疆维吾尔自治区塔里木河流域管理局"塔里木河流域水利战略发展研究与大尺度生态调度与实践"项目的资助，在此表示感谢！

由于编者水平有限，书中不足之处在所难免，敬请广大读者批评指正。

著　者

2024年4月

目　录

第1章

绪　论

1.1　研究背景

　　塔里木河流域面积102.70万km²，是我国最大的内陆河流域。流域所在地区与吉尔吉斯斯坦、塔吉克斯坦、巴基斯坦等5个国家接壤，是我国面向中亚、西亚开放的"桥头堡"和"中-巴经济走廊"的重要通道，地理位置独特，地缘优势明显（叶朝霞等，2009）。塔里木河流域具有自然资源相对丰富与生态环境极为脆弱的双重性特点，是我国最大的长绒棉产区和21世纪中国能源接替区，战略地位突出（阿布都热合曼·哈力克，2011）。塔里木河流域是我国生态安全战略格局"两屏三带"中北方防沙带和国家重大战略丝路经济带和生态文明廊道的重要组成部分，生态区位不可替代。流域内各河流发育的天然绿色植被带、河流中下游以胡杨为主的荒漠河岸林、绿洲-荒漠过渡带以及天然湖泊湿地等共同构成的生态系统，是保障区域生态安全和绿洲社会经济稳定最为重要的天然屏障（周敏，2013）。水是维系干旱区内陆河流域生态系统结构完整和功能完善的主要限制要素，保障塔里木河流域生态系统的生态用水需求，成为建设流域生态文明、构建"山水林田湖"生命共同体的必要前提（祁泽慧，2017）。

　　从20世纪50年代开始，大规模的水土资源开发，导致各种生态环境问题，如流域水系支离、河道断流、尾闾湖泊干涸、草场退化、荒漠化等。自2001年开始，国家投资开展实施了塔里木河流域综合治理并取得显著成效（任铭，2013），但目前流域还存在着生态保护与修复的目标和范围不清、生态需水计算结果不够科学、生态需水时空格局缺失等问题，在流域水资源优化配置、生态保护及修复水量供给和生态水利工程布局规划等方面缺少更加可靠的科学支撑。例如，以往仅根据植被空间分布与覆盖度来划定生态保护及修复范围，忽视了天然植被发展状态是否稳定的自然属性；计算生态保护水量时仅依靠潜水蒸发法和面积定额法得到生态需水总量目标，未考虑植被生长状态的空间异质性和敏感保护对象，生态保护水量的时空需求缺失；虽划定了生态修复范围，但并未提出生态修复水量及过程需求；生态保护及修复目标仅提出了地下水维持水位，缺少植被生长改善和群落结构状态的目标指标；断面下泄水量指标仍延续2005年制定的《塔里木河流域"四源一干"

水量分配方案》，难以匹配现状下的"三生"用水需求（付爱红等，2019）。

因此，为解决塔里木河流域生态保护及修复中存在的以上问题，巩固和提升流域的生态治理成效，进一步优化塔里木河流域综合治理方案，特开展塔里木河流域生态需水研究，以《塔里木河流域"四源一干"生态廊道治理与修复对策研究》、塔里木河流域胡杨林拯救行动计划等为依据指导，在充分论证并明确流域生态保护及修复范围和目标的基础上，科学计算以河流主要控制断面为主的生态需水过程以及流域生态需水时空格局，从而为塔里木河流域综合规划提供必要的科学依据和技术支撑。

1.2　研究目的

针对当前塔里木河流域生态保护及修复目标不清、生态需水时空格局缺失等问题，以实现河湖生态健康、巩固和提升生态系统结构稳定和功能完善为目标，利用大量的植被、水文、气象等连续监测和多源遥感数据，借助空间分析、水动力模型、MIKE模型、机器学习等多种方法和工具，分析流域土地利用/覆被以及天然植被覆盖度的时空变化过程，以植被发展稳定状态为主要参考，判别并界定生态保护（稳定区）及修复（不稳定区及退耕地）的空间范围，划定天然植被保护及修复带；基于以往植被对水文过程的响应机理研究成果，提出以植被覆盖度和群落结构为主要指标的生态保护及修复目标；构建不同植被类型的生态需水计算模型，并明确生态保护及修复需水量的时空格局；计算"九源一干"河道内生态需水过程，模拟河流不同河段水量转化过程，厘定不同河段的渗漏水量；在考虑敏感对象和重要湖泊湿地保护实际需求的基础上，提出以河流主要控制断面为主的生态需水过程以及流域生态需水总量，从而为塔里木河流域综合规划提供必要的科学依据和技术支撑。

1.3　研究内容

1.3.1　塔里木河流域植被时空格局演变过程

利用专题测图仪（TM）和中分辨率成像光谱仪（MODIS）-归一化植被指数（NDVI）遥感影像数据，分析近30年（1990年、2000年、2010年、2020年）塔里木河流域土地利用/覆被变化特征，揭示天然植被的时空转移变化规律，明确天然植被向耕地转化的范围及规模；研究塔里木河流域不同植被类型覆盖度的时空变化状态，从象元、斑块和河段（河流）3个尺度，判断流域各单元天然植被发展的方向、强度和时间，确立天然植被年际变化发展的模式；综合现有区域水土资源规划目标，厘清当前及未来流域内退耕地的面积、范围和优先次序。研究结果可为流域生态保护及修复范围的划定奠定基础。

1.3.2 生态保护及修复范围和目标

基于1.3.1小节的研究内容，阐明植被覆盖度退化发生的基点、范围和强度，并借助逻辑斯谛（logistic）函数预测其未来发展趋势，在象元尺度上明确天然植被稳定性状态及达到稳定状态需要的时间（最长需15年）；以包含国家森林公园、自然保护区等敏感对象的植被分布区为边界，以植被发展稳定状态为主要参考，将处于稳定状态的天然植被分布区划定为生态保护区，而将天然植被发展不稳定区、生态退化区和退耕地等则划定为生态修复区；基于以往植被对水文过程的响应机理研究成果，以处于稳定状态的天然植被为参考，从生境（地下水埋深、土壤含水率等）和植被（群落结构、植被覆盖度等）两个方面，提出不同河段天然植被生态保护及修复的目标；结合植被覆盖度、类型、河道对地下水影响范围等要素，划定垂直于河道方向的天然植被保护及修复带，并明确相应的保护目标。

1.3.3 生态保护及修复生态需水时空格局

基于1.3.2小节的研究内容，在明确生态保护及修复空间格局的基础上，参考不同植被类型蒸散发过程，以植被覆盖度为调整系数，构建天然植被生态需水计算模型，进而推算流域生态保护需水时空格局，并明确生态保护敏感期需水过程；基于以往漫溢干扰下群落演替的研究成果，明确不同生态恢复区达到恢复目标下的水干扰过程（水量、频次和持续时间等），同时参考植被演替为稳定状态所需时间（1~15年）的判定结果，划定生态恢复区所处阶段，阐明不同恢复阶段生态修复所需的水干扰过程，进而计算时空动态水量过程；以2035年为生态保护及修复目标实现的时间控制节点，估算2021—2035年生态保护及修复需水的平均水量。

1.3.4 流域生态需水空间格局及过程

分析河流径流趋势、集中度及枯水频率，基于生态流量云计算平台，计算河道内生态需水；借助地下水动力模型和MIKE-SHE模型，模拟分析河流不同河段水量转化过程，厘定不同河段的渗漏水量过程；分析大西海子不同下泄水量下台特玛湖所能达到的水面面积及水位，提出艾西曼湖的适宜水面面积及补水水量，确立博斯腾湖合理水位及来水需求；基于生态保护及修复需水量、河道内生态需水量、重复水量（渗漏水量）以及湖泊湿地等生态需水计算结果，综合确立塔里木河流域生态需水的时空格局，提出塔里木河流域"九源一干"以主要控制断面为主的生态需水过程以及流域生态需水总量，从而为流域优化水资源配置方案、实现流域生态保护及修复提供科学支撑。

第2章

研究区概况

2.1 地理位置

塔里木河流域作为我国最大的内陆河流域，位于西北干旱区新疆南部，在天山山脉和昆仑山山脉之间，地理坐标为东经73°10′~94°05′、北纬34°55′~43°08′，流域总面积102.70万 km^2，其中，国内面积100.27万 km^2、国外面积2.44万 km^2，扣除沙漠区、荒漠区和其他小河流域，本次研究"九源一干"流域面积为48.40万 km^2，涵盖了南疆五地州行政区域。它由环塔里木盆地的阿克苏河、喀什噶尔河、叶尔羌河、和田河、开都河—孔雀河、迪那河、渭干—库车河、克里雅河和车尔臣河九大水系大小河流144条组成，与吉尔吉斯斯坦、塔吉克斯坦、阿富汗、巴基斯坦、印度等国接壤，边境线长达2 200 km（王猛，2004）。

2.2 地形地貌

塔里木河流域地处天山地槽与塔里木地台之间的山前凹陷区（杨发相，2004）。塔里木河流域涵盖了塔里木盆地内86.6%的面积，因此，其地形地貌主要表现出塔里木盆地的地貌特征。总的地貌呈环状结构，地势为西高东低、北高南低，平均海拔为1 000 m（刘维忠，2004）。除东部较低外，其他各山系海拔均在4 000 m以上；天山西部、帕米尔高原、喀喇昆仑山和昆仑山有许多海拔在6 000 m以上的高峰，其中位于喀喇昆仑山的乔戈里峰，海拔为8 611 m，是世界第二高峰（吴玉虎，1991）；盆地和平原地势起伏和缓，盆地边缘绿洲海拔为1 200 m，盆地中心海拔为900 m左右，最低处为罗布泊，海拔为762 m。塔里木河流域四周高山环列，流域内高山、盆地相间，形成极为复杂多样的地貌特征。整个流域可分为高原山区、山前平原和沙漠区三大地貌单元。根据地貌形成的作用力可将塔里木河干流的地貌划分为湖成地貌、流水地貌、风沙地貌、干燥地貌和人工地貌5种类型，地貌的发展与演化对环境有较大的影响，而在塔里木河流域这些变化主要是由流水作用、风沙作用和人为作用引起的（杨发相，2004）。

2.3 水系水质

塔里木河流域九大水系多年平均水资源总量为428.4亿m³,其中"九源一干"多年平均水资源总量为372.2亿m³(国内地表水资源量293.2亿m³,地表入境水量为62.6亿m³,地下水资源不重复量为16.4亿m³)(毛晓辉,2001)。塔里木河流域内地表水径流年际变化相对较平稳,但年内分配随季节极不平衡,春秋季水量小,夏季较丰,冬季水量最小,连续最大4个月水量占70%～80%。近几十年来,由于各种因素的影响,汇入塔里木河干流的水系只有阿克苏河、叶尔羌河、和田河和开都河—孔雀河,形成"四源一干"的格局,从叶尔羌河河源算起,塔里木河总长约2 350 km,其中干流长1 321 km(刘时银等,2006)(图2-1),目前塔里木河"四源一干"的格局中,阿克苏河是塔里木河水量的主要补给来源,补给量占73.2%,和田河为23.2%,叶尔羌河只占3.6%,开都河—孔雀河无直接地表水流入干流而是通过输水工程将水直接引入到塔里木河干流下游灌区(陈亚宁等,2003)。塔里木河流域大部分支流水质良好,其中水质最好的为叶尔羌河、阿克苏河、渭干—库车河和克里雅河,年平均水质均为Ⅰ类或Ⅱ类,无超标河段;超标河段主要出现在塔里木河干流区及喀什噶尔河、开都河—孔雀河、车尔臣河的个别河流及河段,如塔里木河干流区,水体含盐量居高不下,其矿化度在4 g/L以上,已不宜作为灌溉用水,开都河焉耆河段年平均和非汛期水体中锌含量超过Ⅲ类水标准。流域内80%的湖泊、水库的富营养化级别为中营养,20%为轻富营养,流域内湖泊、水库的富营养化问题已比较突出;平原区开采层地下水矿化度、硫酸盐含量较高,一般可达到Ⅲ类或Ⅳ类水标准,水资源质量较差。

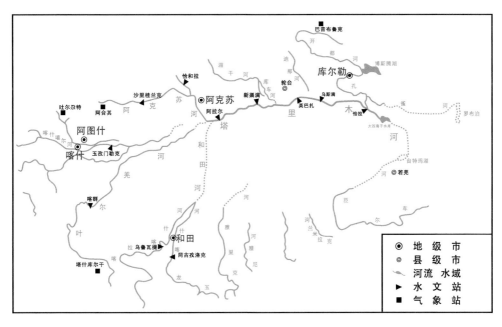

图2-1 塔里木河流域水系

2.4 气候

塔里木河流域地处中纬度欧亚大陆腹地，远离海洋，四周被隆起的高山环绕，形成典型的温带干旱大陆性气候。山区降水较多、气候寒冷，高山多冰雪覆盖；平原区降水稀少、蒸发强烈、干燥多风、温差较大，多浮尘天气，日照时间长（白云岗等，2005），年日照时数2 550～3 500 h，平均太阳总辐射量为1 740 kW·h/（m²·a）。年均温10.6～11.5℃，夏季7月平均温20～30℃，最高温可达39～42℃；冬季1月平均温度-20～-10℃，极端最低气温-27.5℃，≥10℃积温多在4 100～4 300℃；年降水量116.8 mm，其中山区平均降水量为250～500 mm，平原区年均降水量为20～80 mm，流域降水异质性较强，80%以上均集中于夏季；年蒸发量高达1 800～2 900 mm，其中山区为800～1 200 mm，平原盆地为1 600～2 200 mm；干旱指数随着高程的增加、降水量的增大、水面蒸发量的减小而减少，山区小于平原，西部小于东部，流域干旱指数为2.5～48.0；流域无霜期从平原到山区递减，一般平原区188～207 d、河谷区79～206 d、中山区带110 d、高山区在100 d左右（姜作发等，2011）。

2.5 植被类型及分布

塔里木河流域，在夏季主要受干热的副热带大陆性气团的影响，具暖温带荒漠气候，冬季由于北部山脉的屏障作用，寒流大为减弱。在中国植被区划中，塔里木河流域属暖温带，主要植被类型为极稀疏的亚洲中部类型的灌木、半灌木荒漠，基于《中华人民共和国植被图（1∶1 000 000）》（张新时，2008），结合多年连续实地调查，明确了塔里木河流域主要植被类型及分布特点（周梦甜等，2015）。塔里木河流域植被主要表现为种类贫乏、结构单纯、生长稀疏。以塔里木河干流中游主要物种为例，其主要建群种为胡杨、柽柳（表2-1）。塔里木河流域由发源于塔里木盆地周边天山山脉、帕米尔高原、喀喇昆仑山、昆仑山、阿尔金山等山脉的阿克苏河、喀什噶尔河、叶尔羌河、和田河、开都—孔雀河、迪那河、渭干—库车河、克里雅河和车尔臣河九大水系组成。塔里木河流域周围是天山南坡—昆仑山—阿尔金山等高原山区，中间是塔里木盆地。塔里木河流域的植被共划分为高山植被、针叶林、阔叶林、草甸、草原、灌丛、荒漠、沼泽、栽培植物9种植被型组、142种植被群系（艾克热木·阿布拉等，2022）。

塔里木河流域地处干旱地理环境，荒漠地带占统治地位。干旱的大陆性气候，制约着森林植被的生长发育。除绿洲平原外，森林植被一般以林相稀疏、分布零散、林线升高与组成单一等特征呈现出水平分布的规律性，森林植被的覆盖率很低。塔里木盆地平原荒漠地区，沿塔里木河两岸分布着有名的胡杨林，它是胡杨林最集中的分布地区，分布着亚洲乃至全世界罕见的干旱地区森林植被群落，对维护和调控干旱寒漠地区脆弱的生态系统平衡起着十分重要的作用（黄金龙等，2014）。

　　天山南坡山地从高山带到低山带，植被依次为高山草甸带、亚高山草甸带与亚高山草甸带草原、山地森林带（云杉针叶林）与山地草原带、山地干草原带与山地荒漠草原带及山地荒漠带；昆仑山北坡从高山带到低山带植被依次为寒漠带、草原带、干旱原带、半荒漠带及荒漠带。从山前平原到沙漠，除人工绿洲外，植被一般为半灌木寒漠、灌木寒漠和砾石戈壁（满苏尔·沙比提等，2016）。

表2-1　塔里木河中游地表植被物种组成比较

名称	科	属	拉丁名
西北天门冬	百合科	天门冬属	*Asparagus persicus* Baker
长穗柽柳	柽柳科	柽柳属	*Tamarix elongata* Ledeb.
短穗柽柳	柽柳科	柽柳属	*Tamarix laxa* Willd.
多花柽柳	柽柳科	柽柳属	*Tamarix hohenacheri* Bunge.
多枝柽柳	柽柳科	柽柳属	*Tamarix ramosissima* Ledeb.
刚毛柽柳	柽柳科	柽柳属	*Tamarix hispida* Willd.
胀果甘草	豆科	甘草属	*Glycyrrhiza inflata* Bat.
苦豆子	豆科	苦参属	*Sophora alopecuroides* L.
小花棘豆	豆科	棘豆属	*Oxytropis glabra* DC.
骆驼刺	豆科	骆驼刺属	*Alhagi Camelorum* Fisch.
野苜蓿	豆科	苜蓿属	*Medicago falcata* L.
铃铛刺	豆科	盐豆木属	*Halimodedron halodendron*（Pall.）Dum. Cours.
狗尾草	禾本科	狗尾草属	*Setaria viridis*（L.）P. Beauv.
芦苇	禾本科	芦苇属	*Phragmites australis*（Cav.）Trin. ex Steud.
蔺状隐花草	禾本科	隐花草属	*Crypsis schoenoides*（L.）Lam.
小獐毛	禾本科	獐毛属	*Aeluropus pungens*（M. Bieb.）C. Koch
沙枣	胡颓子科	胡颓子属	*Elaeagnus angustifolia* Linn.
白刺	白刺科	白刺属	*Nitraria tangutorum* Bobr.
驼蹄瓣	蒺藜科	驼蹄瓣属	*Zygophyllum fabago* L.
罗布麻	夹竹桃科	罗布麻属	*Apocynum venetum* L.
顶羽菊	菊科	顶羽菊属	*Acroptilon repens*（L.）DC.
河西菊	菊科	河西菊属	*Launaen polydichotoma*（Ostenf.）H. L. Yang
鹿角草	菊科	鹿角草属	*Glossocardia bidens*（Retz.）Veldamp
花花柴	菊科	花花柴属	*Karelinia caspica* Less.
沙漠绢蒿	菊科	绢蒿属	*Seriphidium santolinum*（Schrenk）Poljak.
蒲公英	菊科	蒲公英属	*Taraxacum mongolicum* Hand.

（续表）

名称	科	属	拉丁名
乳苣	菊科	乳苣属	*Lactuca tatarica*（L.）C. A. Mey.
蓼子朴	菊科	旋覆花属	*Inula salsoloides*（Turcz.）Ostenf.
蒙古鸦葱	菊科	鸦葱属	*Scorzonera mongolica* Maxim.
鸦葱	菊科	鸦葱属	*Scorzonera austriaca* Willd.
滨藜sp	藜科	滨藜属	*Atriplex* L.
地肤	藜科	地肤属	*Kochia scoparia* Schrad.
镰叶碱蓬	藜科	碱蓬属	*Suaeda prostrata* Pall.
萹蓄	藜科	萹蓄属	*Polygonum aviculare* L.
盐节木	藜科	盐节木属	*Halocnemum strobiaceum* Bieb.
白茎盐生草	藜科	盐生草属	*Halogeton arachnoideus* Moq.
盐生草	藜科	盐生草属	*Halogeton glomeratus* C. A. Mey.
盐穗木	藜科	盐穗木属	*Halostachys caspica* C. A. Mey.
盐爪爪	藜科	盐爪爪属	*Kalidium foliatum*（Pall.）Moq.
薄翅猪毛菜	藜科	猪毛菜属	*Salsola pellucida* Litv.
刺沙蓬	藜科	猪毛菜属	*Salsola tragus* L.
猪毛菜	藜科	猪毛菜属	*Salsola collina* Pall.
地梢瓜	萝藦科	鹅绒藤属	*Cynanchum thesioides*（Freyn）K. Schum
戟叶鹅绒藤	萝藦科	鹅绒藤属	*Cynanchum acutum* subsp. *sibiricum*（Willd.）Rech. f.
喀什牛皮消	萝藦科	鹅绒藤属	*Gynanchum kashgaricum* Y. X. Liou
问荆	木贼科	木贼属	*Equisetum arvense* L.
黑果枸杞	茄科	枸杞属	*Lycium ruthenicum* Murr.
扁穗草	莎草科	扁穗草属	*Blysmus compressus*（Linn.）Panz.
扁秆荆三棱	莎草科	三棱草属	*Scirpus planiculmis* Fr.
球穗藨草	莎草科	藨草属	*Scirpus Wichurae* Boeckcler
水葱	莎草科	水葱属	*Schoenoplectus tabernaemontani*（C. C. Gmel.）Palla
胡杨	杨柳科	杨属	*Populus euphratica* Oliv.

2.6 土壤类型分布

塔里木河流域土壤比较简单，除风沙土外，主要为水成型土壤，流域土壤主要由胡杨林土、草甸土、沼泽土、盐土、残余沼泽土、残余盐土、龟裂土、风沙土和绿洲土组成。流域土壤的分布受地形、水文地质条件的影响，垂直河道有明显的规律性，一般河漫滩上分布着盐化草甸土或盐化草甸胡杨林土，自然堤或老河漫滩上分布着胡杨林盐土或灌木林盐土，在牛轭湖或阶地旁洼地上分布着沼泽土，在阶地或河间洼地上分布着典型盐土或草甸盐土，河间古老冲积平原上分布着荒漠化盐土、荒漠化草甸土或风沙土（禹朴家等，2010）。

塔里木河干流流域土壤类型有16种，包括草甸土、潮土、风沙土、灌耕土、灌淤土、栗钙土、林灌土、漠境盐土、石质土、盐土、沼泽土、棕钙土和棕漠土等，其中以风沙土所占比例最大，占全区的57.72%，其次为盐土、草甸土、棕漠土和林灌土，分别占13.40%、8.84%、5.72%和5.15%（张少博等，2017）。

阿克苏河流域属于南疆棕色荒漠土地带。土壤类型有17种，包括龟裂性棕色荒漠土、棕色荒漠土、石膏棕色荒漠土、龟裂性土、残余盐土、古老绿洲耕作土、灌溉—水成型古老绿洲耕作土、水稻土、荒漠化草甸土、吐加依土、荒漠化吐加依土、冲积性草甸盐土、扇缘草甸盐土、扇缘典型盐土、干三角洲典型盐土、次生盐土、山地灰棕色荒漠土。

叶尔羌河流域共有土壤类型18种，包括寒冻土、冷钙土、草甸土、潮土、风沙土、灌耕土、灌淤土、栗钙土、林灌土、漠境盐土、石质土、盐土、沼泽土、棕钙土和棕漠土等，其中以风沙土所占比例最大。

和田河流域共有土壤类型18种，包括寒冻土、寒漠土、高山草甸土、高山草原土、山地灰褐土、山地栗钙土、山地棕钙土、山地棕漠土、盐土、龟裂土、风沙土、草甸土、沼泽土等。

开都—孔雀河流域属大陆性干旱荒漠区，开都—孔雀河流域属大陆性干旱荒漠区，土壤类型主要有绿洲潮土、棕漠土、荒漠林土、草甸土、沼泽土、盐土、棕钙土、风沙土、龟裂土、残余盐土、残余沼泽土、沼泽土12种。

喀什噶尔河流域共有土壤类型18种，包括寒冻土、冷钙土、草甸土、潮土、风沙土、灌耕土、灌淤土、栗钙土、林灌土、漠境盐土、石质土、盐土、沼泽土、棕钙土和棕漠土等，其中以风沙土所占比例最大。

渭干—库车河流域土壤类型有16种，包括草甸土、潮土、风沙土、灌耕土、灌淤土、栗钙土、林灌土、漠境盐土、石质土、盐土、沼泽土、棕钙土和棕漠土等。

迪那河流域土壤类型有14种，包括干旱盐土、棕漠土、灌淤土、草甸土、潮土、沼泽土、结壳盐土、风沙土等。

克里雅河流域内土壤类型有灌淤土、草甸土、水稻土、潮土、棕漠土、盐土、风沙土7种。因地形地貌不同，土壤类型的空间分布也不一样。

车尔臣河流域土壤类型有灌淤土、草甸土、棕漠土、盐土、风沙土、沼泽土6种，共21个亚类。因地形地貌不同，土壤类型的空间分布也不同。山麓倾斜平原上中部以棕漠土为主；下部细土平原主要是草甸土、盐土、固定或半固定风沙土，其次是沼泽土；平原区耕地土壤主要是灌淤土，其次是灌耕草甸土和灌耕风沙土；荒地土壤以草甸土、盐土为主，还有少量的沼泽土。

2.7 行政区划

塔里木河流域内包括巴音郭楞蒙古自治州、阿克苏地区、喀什地区、克孜勒苏柯尔克孜自治州、和田地区5个地州共42个县市和新疆生产建设兵团第一师、第二师、第三师、第十四师共56个团，具体见表2-2。塔里木河流域是一个多民族的聚居地，流域有维吾尔族、汉族、回族、柯尔克孜族、塔吉克族、哈萨克族、乌孜别克族、藏族、壮族、锡伯族、蒙古族、朝鲜族、苗族、达斡尔族、东乡族、塔塔尔族、满族和土家族共18个民族（苏晓岚，2007）。

表2-2 塔里木河"九源一干"流域行政区划

流域名称		所在地州	涵盖行政单位（县、市、师）
"四源一干"	和田河流域	和田地区	和田市、墨玉县、和田县、洛浦县、第十四师
	叶尔羌河流域	喀什地区	叶城县、泽普县、莎车县、麦盖提县、巴楚县、岳普湖县、第三师、塔什库尔干塔吉克县、喀什监狱、巴楚监狱
	阿克苏河流域	阿克苏地区、克孜勒苏柯尔克孜自治州	阿克苏市、阿合奇县、乌什县、温宿县、阿瓦提县、柯坪县、阿克苏监狱、红旗坡农场、实验林场、第一师
	开都—孔雀河流域	巴音郭楞蒙古自治州	和静县、和硕县、焉耆回族自治县、博湖县、库尔勒市、尉犁县、第二师
	塔里木河干流	阿克苏地区、巴音郭楞蒙古自治州	沙雅县、沙雅监狱、库车市、库车种羊场、轮台县、尉犁县、第二师
其他"五源"	喀什噶尔河流域	喀什地区、克孜勒苏柯尔克孜自治州	喀什市、疏附县、乌恰县、疏勒县、伽师县、岳普湖县、英吉沙县、阿图什市、阿克陶县、第三师
	渭干—库车河流域	阿克苏地区	温宿县、拜城县、沙雅县、新和县、库车市
	迪那河流域	巴音郭楞蒙古自治州	轮台县
	车尔臣河流域	巴音郭楞蒙古自治州	且末县
	克里雅河流域	和田地区	于田县

2.8 社会经济

塔里木河干流流经阿拉尔市、沙雅县、库车市、轮台县、尉犁县等县市及新疆生产建设兵团第二师31团、33团、34团等，总人口数约为110万（2020年），其中，新疆生产建设兵团第二师31团、33团、34团均在塔里木河干流流域范围内，总人口数约为3.7万（2020年）。目前，区域内仍以农牧业为主，主要种植粮食作物和棉花，是新疆重要的优质棉、粮基地，有新疆库尔勒香梨、库车白杏、无花果、红枣等闻名的特色产品。

塔里木河上中游蕴藏着丰富的石油天然气资源，近十多年来，在塔里木河干流上中游接合部进行了大规模的石油天然气勘探和开发，其中轮台县的轮南镇已成为国家重点工程"西气东输"工程的起点，当地加工工业得到发展，交通、通信等基础设施建设也取得了较快的发展。下游主要有新疆生产建设兵团第二师31团、33团、34团，2019年国民经济生产总值为28.2亿元，第一产业占比超过55%，且以农牧业为主，主要种植棉花、梨、枣等经济作物。

第3章

塔里木河流域植被时空格局转化及发展渐变模式

3.1 植被时空格局转化

3.1.1 数据来源及处理方法

3.1.1.1 遥感影像处理

收集塔里木河流域"四源一干"1990年、2000年、2010年及2020年陆地卫星（Landsat）-TM影像数据，分辨率为30 m，7—9月流域内河流、水库等水量较大，自然植被及农作物生长茂盛，地物特征明显。然后，对4个年份的影像根据解译标准进行人机交互式判读和数字化，通过野外实地验证和修正，生成矢量化专题图。最后，根据《土地利用现状分类》（GB/T 21010—2017）与流域实际土地利用情况，参考土地利用特征及Landsat-TM影像数据的空间分辨率，确定景观格局类型，见表3-1。

表3-1　塔里木河流域土地利用分析系统及其解译标志

一级类别		二级类别	
名称	含义	名称	含义
耕地	指种植农作物的土地，包括熟耕地、新开荒地、休闲地、轮歇地、草田轮作地；以种植农作物为主的农果、农桑、农林用地；耕种3年以上的滩地和滩涂	水田	指有水源保证和灌溉设施，在一般年景能正常灌溉，用以种植水稻、莲藕等水生农作物的耕地，包括实行水稻和旱地作物轮种的耕地
		旱地	指无灌溉水源及设施，靠天然降水生长作物的耕地；有水源和浇灌设施，在一般年景下能正常灌溉的旱作物耕地；以种菜为主的耕地，正常轮作的休闲地和轮歇地
林地	指生长乔木、灌木、竹类等的林业用地	有林地	指郁闭度>30%的天然林和人工林，包括用材林、经济林、防护林等成片林地
		灌木林地	指郁闭度>40%、高度在2 m以下的矮林地和灌丛林地
		疏林地	指疏林地（郁闭度为10%～30%）
		其他林地	指包括果园、桑园、茶园等在内的其他林地

（续表）

一级类别		二级类别	
名称	含义	名称	含义
草地	指以生长草本植物为主，覆盖度在5%以上的各类草地，包括以放牧为主的灌丛草地和郁闭度在10%以下的疏林草地	高覆盖草地	指覆盖度>50%的天然草地、改良草地和割草地。此类草地一般水分条件较好，草被生长茂密
		中覆盖草地	指覆盖度为20%～50%的天然草地和改良草地。此类草地一般水分不足，草被较稀疏
		低覆盖草地	指覆盖度为5%～20%的天然草地。此类草地水分缺乏，草被稀疏，牧业利用条件差
水域	指天然陆地水域和水利设施用地	河渠	指天然形成或人工开挖的河流及主干渠常年水位以下的土地，人工渠包括堤岸
		湖泊	指天然形成的积水区常年水位以下的土地
		水库	指天然或人工作用下形成的面状水体，包括天然湖泊和人工水库两类
		冰川	指常年被冰川和积雪所覆盖的土地
		滩涂湿地	指受潮汐影响比较大、海边潮间带水分条件比较好的土地，或河、湖水域平水期水位与洪水期水位之间的土地
居民工矿用地	指城乡居民点及县镇以外的工矿、交通等用地	城镇用地	指大、中、小城市及县镇以上建成区用地
		农村居民点	指农村居民点
		其他建设用地	指独立于城镇以外的厂矿、大型工业区、油田、盐场、采石场等用地，交通道路，机场及特殊用地
未利用地	包括难利用的土地或植被覆盖度小于5%的土地	沙地	指地表被沙覆盖，植被覆盖度在5%以下的土地，包括沙漠，但不包括水系中的沙滩
		盐碱地	指地表盐碱聚集、植被稀少，只能生长耐盐碱植物的土地
		裸土地	指地表土质覆盖、植被覆盖度在5%以下的土地
		裸岩石砾地	指地表为岩石或石砾、植被覆盖度在5%以下的土地
		其他未利用地	指其他未利用土地，包括高寒荒漠、苔原、戈壁等

3.1.1.2　土地利用动态度计算

根据塔里木河流域遥感数据解译结果与土地利用类型的分类结果，分别计算"四源一干"流域土地利用动态度，以此研究塔里木河流域1990—2020年土地利用类型的数量变化情况，即单一土地类型的时空变化与"四源一干"流域内土地利用动态总体状况及各流域间差异；单一土地利用类型的动态度表达式为：

$$R_1 = \frac{V_b - V_a}{V_a \times T} \times 100\% \tag{3-1}$$

式中，R_1为第一土地利用类型的动态度；V_a、V_b分别为研究初期、研究末期某土地利用类型的面积；T为研究时段。当T设定为年时，R_1为研究时段内某土地利用类型的年变化。

3.1.2 阿克苏河流域土地利用/覆被变化

阿克苏河流域1990—2020年耕地面积大幅扩张，但扩张的速度降低（图3-1）。从卫星遥感解译图上发现，在31年间，流域内耕地面积从4 101.87 km^{2}扩张至9 006.27 km^2，

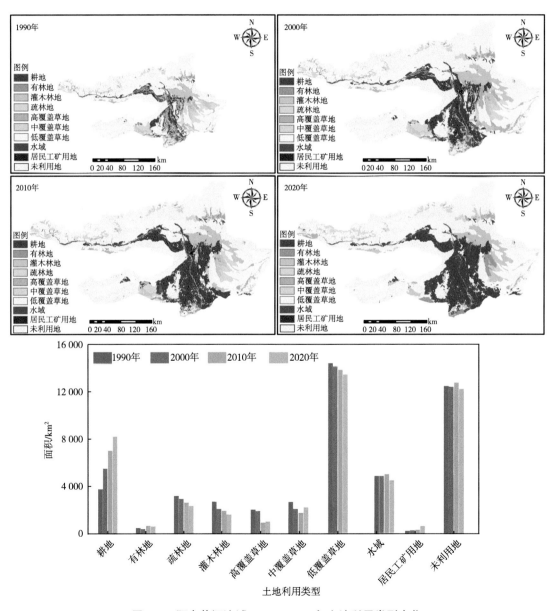

图3-1 阿克苏河流域1990—2020年土地利用类型变化

增加幅度119.56%，1990—2000年、2000—2010年和2010—2020年的耕地面积分别增加
了1 835.47 km²、1 709.54 km²和1 341.39 km²，增加幅度分别为45.19%、28.71%和17.50%
（表3-2）。有林地面积增加，疏林地、灌木林地面积减少。31年来有林地面积呈现先
上升后下降的趋势，与1990年相比，2020年有林地面积增加了111.08 km²；2020年灌木
林地、疏林地面积与1990年相比分别减少了845.77 km²、1 059.04 km²，减少幅度分别为
26.54%和39.29%（表3-2）。高覆盖草地、中覆盖草地面积1990—2020年呈现先下降后上
升的趋势，与1990年相比，2020年高覆盖草地、中覆盖草地面积分别减少了1 026.15 km²
和437.59 km²，减少幅度分别为51.56%和16.46%；低覆盖草地面积减少了956.97 km²，减
少幅度为6.61%，其中1990—2000年、2000—2010年和2010—2020年低覆盖草地面积分
别减少了240.04 km²、347.29 km²和369.65 km²，减少幅度分别为1.66%、2.44%和2.66%
（表3-2）。除此之外，居民工矿用地增加明显，由215.76 km²扩张至602.34 km²，增长
179.17%，其中1990—2000年、2000—2010年和2010—2020年的居民工矿用地面积分别增
加了56.98 km²、41.16 km²和288.44 km²，增加幅度分别为26.41%、15.09%和91.89%（表
3-2）。水域面积与未利用地面积无明显变化。根据现场调查结果发现，流域内原本的草
地类型退化现象很严重，尤其是托什干河右岸地区大片高覆盖度草地退化为中覆盖度草
地，或者被开垦转化为耕地。在阿克苏河两岸以及塔里木河灌区，在过去十几年随着人口
和经济的不断增长，耕地表现为急剧扩张态势。另外，在库玛拉克河和台兰河河源区，冰
川和积雪面积锐减，可能会影响未来山区来水量。

表3-2 阿克苏河流域各土地利用类型面积与变化幅度

土地利用类型	面积/km²				变化比例/%			
	1990年	2000年	2010年	2020年	1990—2000年	2000—2010年	2010—2020年	1990—2020年
耕地	4 101.87	5 955.34	7 664.88	9 006.27	45.19	28.71	17.50	119.56
有林地	426.93	402.71	663.01	538.01	-5.67	64.64	-18.85	26.02
疏林地	3 187.12	2 942.27	2 626.86	2 341.35	-7.68	-10.72	-10.87	-26.54
灌木林地	2 695.24	2 067.41	1 947.38	1 636.20	-23.29	-5.81	-15.98	-39.29
高覆盖草地	1 990.09	1 941.97	909.49	963.95	-2.42	-53.17	5.99	-51.56
中覆盖草地	2 657.85	1 990.26	1 772.25	2 220.26	-25.09	-10.98	25.28	-16.46
低覆盖草地	14 473.99	14 233.96	13 886.67	13 517.02	-1.66	-2.44	-2.66	-6.61
水域	4 903.17	4 932.80	5 035.55	4 535.22	0.60	2.08	-9.94	-7.50
居民工矿用地	215.76	272.74	313.90	602.34	26.41	15.09	91.89	179.18
未利用地	12 549.47	12 461.37	12 797.47	12 256.86	-0.70	2.70	-4.22	-2.33

3.1.3 叶尔羌河流域土地利用/覆被变化

叶尔羌河流域1990—2020年土地利用变化的最显著特征就是草地、林地面积的减少和耕地、居民工矿用地面积的增长（图3-2）。1990—2020年流域内高覆盖草地、

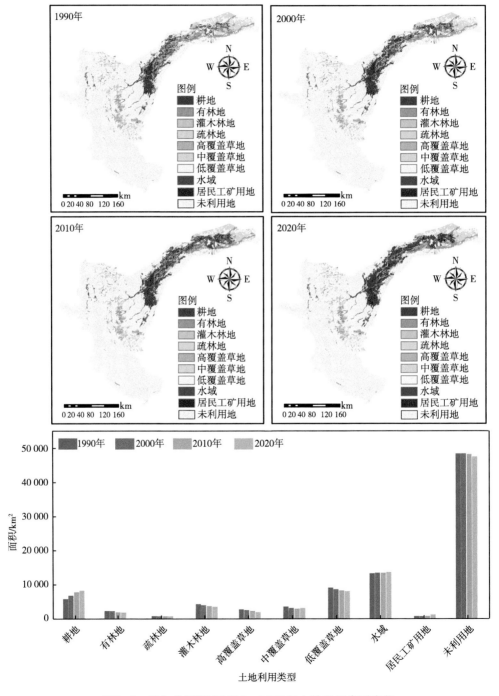

图3-2 叶尔羌河流域1990—2020年土地利用类型变化

中覆盖草地和低覆盖草地面积大幅度减少，2020年比1990年分别减少了22.99%、7.34%和7.99%，分别减少619.62 km²、257.44 km²和704.90 km²；其中，中覆盖草地面积呈现先下降后上升的趋势，高覆盖草地和低覆盖草地呈现下降趋势。高覆盖草地面积1990—2000年、2000—2010年和2010—2020年分别下降291.01 km²、115.38 km²和213.23 km²，下降幅度分别为10.80%、4.80%和9.32%（表3-3）；低覆盖草地面积1990—2000年、2000—2010年和2010—2020年分别下降388.28 km²、116.57 km²和200.05 km²，下降幅度分别为4.40%、1.38%和2.41%（表3-3）。林地面积大幅减少，与1990年相比，2020年有林地、疏林地、灌木林地面积减少幅度分别为11.95%、11.03%和12.36%，减少面积分别为269.63 km²、71.68 km²和492.45 km²（表3-3）。叶尔羌河流域2020年耕地、居民工矿用地面积分别上升了38.64%和173.50%，分别增加2 235.66 km²和530.07 km²。耕地面积1990—2020年的上升幅度下降，1990—2000年、2000—2010年和2010—2020年分别上升1 160.53 km²、893.44 km²和181.69 km²，上升幅度分别为20.06%、12.86%和2.32%（表3-3）。居民工矿用地面积1990—2020年的上升幅度呈现上升趋势，1990—2000年、2000—2010年和2010—2020年分别上升31.47 km²、42.02 km²和456.58 km²，上升幅度分别为10.30%、12.47%和120.47%（表3-3）。未利用地面积变化幅度较小，与1990年相比仅下降1.12%，面积减少539.08 km²。由此可见，整个叶尔羌河流域土地利用/覆被较为明显的变化还是耕地、居民工矿用地面积的增长，它们逐渐侵占了天然植被生长地，使得流域天然植被面积明显减少。

表3-3　叶尔羌河流域各土地利用类型面积与变化幅度

土地利用类型	面积/km²				变化比例/%			
	1990年	2000年	2010年	2020年	1990—2000年	2000—2010年	2010—2020年	1990—2020年
耕地	5 785.85	6 946.38	7 839.82	8 021.51	20.06	12.86	2.32	38.64
有林地	2 256.17	2 125.87	1 956.89	1 986.54	-5.78	-7.96	1.53	-11.95
疏林地	649.92	605.44	568.28	578.24	-6.84	-6.14	1.75	-11.03
灌木林地	3 985.52	3 883.44	3 587.45	3 493.07	-2.56	-7.62	-2.63	-12.36
高覆盖草地	2 694.81	2 403.80	2 288.42	2 075.19	-10.80	-4.80	-9.32	-22.99
中覆盖草地	3 506.08	3 164.54	3 040.84	3 248.64	-9.74	-3.91	6.83	-7.34
低覆盖草地	8 821.41	8 433.13	8 316.56	8 116.51	-4.40	-1.38	-2.41	-7.99
水域	13 169.27	13 228.88	13 218.24	13 357.37	0.45	-0.08	1.05	1.43
居民工矿用地	305.51	336.98	379.00	835.58	10.30	12.47	120.47	173.50
未利用地	48 190.34	48 236.44	48 164.98	47 651.26	0.10	-0.15	-1.07	-1.12

3.1.4 和田河流域土地利用/覆被变化

和田河流域1990—2020年耕地面积增加（图3-3），增加幅度为65.02%，增加面积为1 135.10 km²，其中1990—2000年、2000—2010年和2010—2020年的耕地面积分别增加了

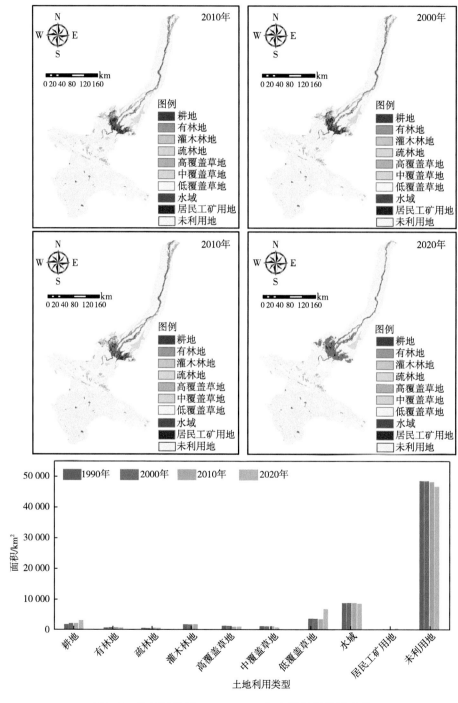

图3-3 和田河流域1990—2020年土地利用类型变化

316.65 km²、257.62 km²、560.83 km²，增加幅度分别为18.14%、12.49%和24.17%（表3-4）。1990—2020年，有林地、疏林地、灌木林地面积均呈现减少趋势，减少面积分别为367.92 km²、21.24 km²、1 841.54 km²，减少幅度分别为52.36%、5.49%和95.79%；1990—2020年，有林地面积呈现先上升后下降的趋势，疏林地面积呈现先下降后上升的趋势，灌木林地面积呈现下降趋势（表3-4）。1990—2020年的高覆盖草地、中覆盖草地面积呈现下降趋势，减少幅度分别为25.12%、19.56%，减少面积分别为279.91 km²、229.53 km²。其中，高覆盖草地1990—2000年、2000—2010年和2010—2020年的面积分别减少了9.37%、8.62%和9.59%，减少面积为104.40 km²、87.01 km²和88.50 km²；中覆盖草地1990—2000年、2000—2010年和2010—2020年的面积分别减少了3.89%、3.93%和12.89%，减少面积为45.63 km²、44.27 km²和139.63 km²（表3-4）；低覆盖草地面积呈现先下降后上升的趋势（表3-4）。2020年水域面积较1990年基本持平，下降幅度仅1.59%。2020年的未利用地面积与1990年相比相差较小，减少的面积为1 687.70 km²，减少幅度为3.47%。居民工矿用地面积1990—2020年由176.13 km²增加至466.07 km²，增加幅度164.62%，1990—2000年、2000—2010年和2010—2020年的居民工矿用地面积分别增加了10.83 km²、35.28 km²和243.83 km²，增加幅度分别为6.15%、18.87%和109.71%（表3-4）。造成和田河流域耕地与居民工矿用地明显增长的主要原因是和田河流域中游绿洲区耕地面积迅速增长，主要分布在和田河中游绿洲沿河道区域。整个和田河流域土地利用变化呈现为耕地与居民工矿用地面积有所增加，表明人为因素的干扰逐渐增加，但在2010—2020年未利用地面积明显减少，同时草地面积也有所增加，这也表明了在这一时期内和田河流域天然植被有所恢复，对和田河流域的综合治理已见成效。

表3-4　和田河流域各土地利用类型面积与变化幅度

土地利用类型	面积/km²				变化比例/%			
	1990年	2000年	2010年	2020年	1990—2000年	2000—2010年	2010—2020年	1990—2020年
耕地	1 745.70	2 062.35	2 319.97	2 880.80	18.14	12.49	24.17	65.02
有林地	702.72	703.99	829.58	334.80	0.18	17.84	-59.64	-52.36
疏林地	386.83	373.78	291.64	365.59	-3.37	21.98	25.36	-5.49
灌木林地	1 922.39	1 885.76	1 895.02	80.85	-1.91	0.49	-95.73	-95.79
高覆盖草地	1 114.23	1 009.83	922.82	834.32	-9.37	-8.62	-9.59	-25.12
中覆盖草地	1 173.52	1 127.89	1 083.62	943.99	-3.89	-3.93	-12.89	-19.56
低覆盖草地	3 721.39	3 681.81	3 554.08	6 865.68	-1.06	-3.47	93.18	84.49
水域	8 824.47	8 764.19	8 767.36	8 684.08	-0.68	0.04	-0.95	-1.59
居民工矿用地	176.13	186.96	222.24	466.07	6.15	18.87	109.71	164.61
未利用地	48 567.18	48 538.00	48 448.25	46 879.48	-0.06	-0.18	-3.24	-3.47

3.1.5 开都—孔雀河流域土地利用/覆被变化

开都—孔雀河流域1990—2020年土地利用变化主要表现为耕地面积的极度扩张，以及草地的大面积减少（图3-4）。31年间开都—孔雀河流域内耕地面积增加了135.57%，增加面积3 258.14 km²，其中1990—2000年、2000—2010年和2010—2020年的耕地面积分别增加了55.72%、25.84%和20.21%，增加面积为1 339.24 km²、966.99 km²和951.91 km²

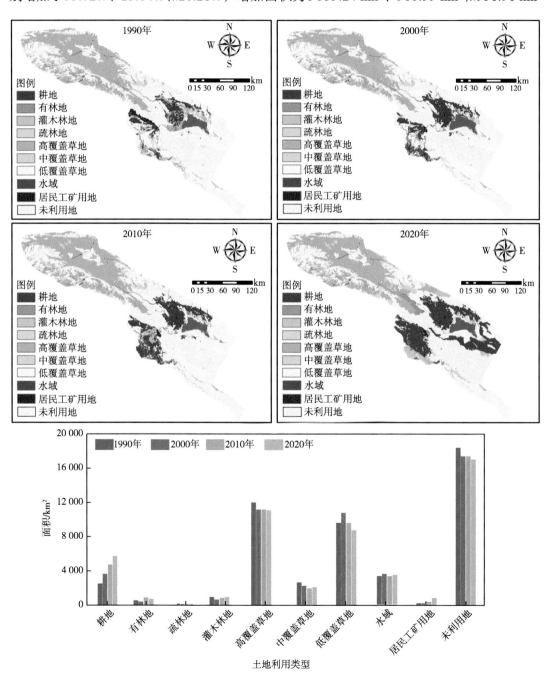

图3-4　开都—孔雀河流域1990—2020年土地利用类型变化

（表3-5），据调查，增加的部分主要分布在孔雀河塔什店至阿克苏甫河段之间的流域、黄水沟、清水河等博斯腾湖东部小流域绿洲区，以及焉耆盆地周边。2020年的有林地面积与1990年相比增加了37.98%，增加面积224.13 km²，其中在1990—2000年、2000—2010年和2010—2020年这3个时间段内有林地面积的波动性较大；2020年的疏林地、灌木林地面积与1990年相比分别减少了12.19%、0.24%，减少面积分别为25.45 km²、2.35 km²，在1990—2000年、2000—2010年和2010—2020年这3个时间段内疏林地、灌木林地面积呈现先下降后上升的趋势（表3-5）。31年间开都—孔雀河流域内高覆盖草地、中覆盖草地和低覆盖草地面积分别减少了8.24%、21.98%、8.68%，减少面积分别为998.60 km²、597.68 km²、840.81 km²；在1990—2000年、2000—2010年和2010—2020年这3个时间段内高覆盖草地的面积分别减少了7.15%、0.48%和0.69%，减少面积分别为867.08 km²、54.13 km²和77.39 km²；中覆盖草地面积呈现先下降后上升的趋势，低覆盖草地面积呈现先上升后下降的趋势（表3-5）。水域面积和未利用地面积变化较小，与1990年相比，2020年的水域面积仅增加了1.62%，未利用地面积减少了7.55%（表3-5）。31年间居民工矿用地面积呈现上升趋势，在1990—2000年、2000—2010年、2010—2020年和1990—2020年这4个时间段内，居民工矿用地面积分别增加了71.35 km²、102.44 km²、309.66 km²和483.45 km²，增加幅度分别为32.52%、35.23%、78.76%和220.35%（表3-5）。在2020年遥感影像中，阿克苏甫河段以下的天然植被已十分稀少，这种变化与上游耕地面积的持续扩大有关，农业用水量的不断增加，强烈挤占了生态用水，导致下游生态环境的退化。由此可见，整个开都—孔雀河流域出现经济林地侵占天然林地的现象，加之耕地与水域面积的增长，逐步抢占了生态用水资源，使得整个流域尤其是下游河段，天然植被呈现退化趋势，因此也导致未利用地在2010—2020年面积有所上涨。

表3-5　开都—孔雀河流域各土地利用类型面积与变化幅度

土地利用类型	面积/km²				变化比例/%			
	1990年	2000年	2010年	2020年	1990—2000年	2000—2010年	2010—2020年	1990—2020年
耕地	2 403.35	3 742.59	4 709.58	5 661.49	55.72	25.84	20.21	135.57
有林地	590.13	489.99	989.19	814.26	-16.97	101.88	-17.68	37.98
疏林地	208.80	161.99	152.58	183.35	-22.42	-5.81	20.17	-12.19
灌木林地	973.85	780.94	900.00	971.50	-19.81	15.25	7.94	-0.24
高覆盖草地	12 125.20	11 258.12	11 203.99	11 126.60	-7.15	-0.48	-0.69	-8.24
中覆盖草地	2 719.04	2 238.92	2 040.09	2 121.36	-17.66	-8.88	3.98	-21.98
低覆盖草地	9 686.19	10 784.24	9 610.17	8 845.38	11.34	-10.89	-7.96	-8.68
水域	3 402.72	3 621.29	3 411.59	3 458.01	6.42	-5.79	1.36	1.62
居民工矿用地	219.40	290.75	393.19	702.85	32.52	35.23	78.76	220.35
未利用地	18 418.85	17 465.11	17 504.20	17 027.75	-5.18	0.22	-2.72	-7.55

3.1.6 塔里木河干流流域土地利用/覆被变化

塔里木河干流流域1990—2020年土地利用/覆被变化显著（图3-5）。与1990年相比，2020年的耕地、水域和居民工矿用地呈明显增加趋势，分别增加237.88%、122.77%和99.15%，增加面积分别为2 699.67 km²、778.09 km²和51.51 km²（表3-6）。其中，耕地、居民工矿用地面积在1990—2000年、2000—2010年和2010—2020年这3个时间段内呈现逐渐增加趋势，耕地面积分别增加了85.80%、50.86%和20.55%，增加面积分别为

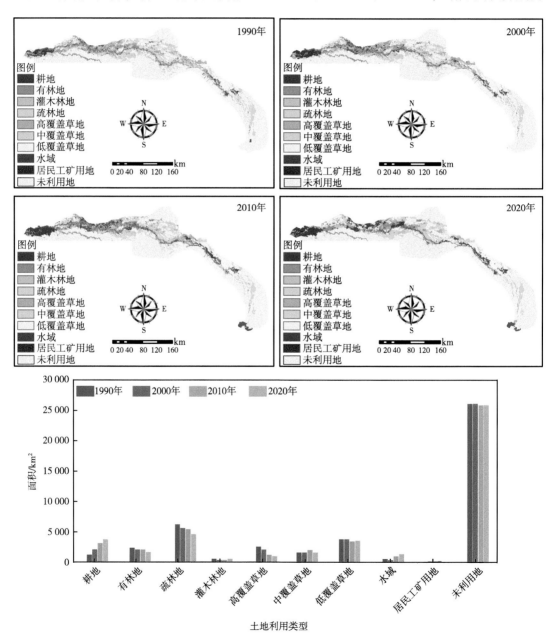

图3-5 塔里木河干流流域1990—2020年土地利用类型变化

973.73 km²、1 072.37 km²和653.57 km²；居民工矿用地面积分别增加了14.17%、26.35%和38.06%，增加面积分别为7.36 km²、16.53 km²和28.52 km²（表3-6）；水域面积呈现先下降后上升的趋势（表3-6）。与1990年相比，2020年的有林地、疏林地和灌木林地面积分别减少了659.98 km²、46.95 km²和1 400.52 km²，减少幅度分别为27.13%、7.30%和22.75%，其中有林地、灌木林地面积呈现逐渐下降趋势，疏林地面积呈现先下降后上升的趋势（表3-6）。与1990年相比，2020年的高覆盖草地、低覆盖草地面积减少，分别减少了1 399.18 km²、154.16 km²，中覆盖草地面积增加了190.30 km²，1990—2020年的高覆盖草地呈现逐渐下降的趋势，中覆盖草地呈现先下降后上升的趋势，低覆盖草地面积波动性较大（表3-6）。由图3-5可知，在干流流域未利用地，即沙地、盐碱地、裸土地及裸岩砾石地等，是干流流域主要土地类型，其面积占流域总面积的55%左右，1990—2020年未利用地面积减小幅度有限，面积减少119.63 km²。可以看出，2000—2020年塔里木河干流流域在人为活动干扰下，耕地、水域及居民工矿用地面积逐渐侵占天然植被生长地，使得天然植被面积整体有所下降。

表3-6　塔里木河干流流域各土地利用类型面积与变化幅度

土地利用类型	面积/km²				变化比例/%			
	1990年	2000年	2010年	2020年	1990—2000年	2000—2010年	2010—2020年	1990—2020年
耕地	1 134.90	2 108.63	3 181.00	3 834.57	85.80	50.86	20.55	237.88
有林地	2 432.40	2 288.03	2 169.48	1 772.42	−5.94	−5.18	−18.30	−27.13
疏林地	643.32	555.04	530.16	596.37	−13.72	−4.48	12.49	−7.30
灌木林地	6 155.72	5 640.69	5 364.55	4 755.20	−8.37	−4.90	−11.36	−22.75
高覆盖草地	2 556.56	2 232.77	1 391.99	1 157.38	−12.67	−37.66	−16.85	−54.73
中覆盖草地	1 680.47	1 780.41	2 137.06	1 870.77	5.95	20.03	−12.46	11.32
低覆盖草地	3 849.53	3 853.50	3 591.59	3 695.37	0.10	−6.80	2.89	−4.00
水域	633.76	535.25	851.18	1 411.85	−15.54	59.02	65.87	122.77
居民工矿用地	51.95	59.31	74.94	103.46	14.17	26.35	38.06	99.15
未利用地	25 820.29	25 904.96	25 660.96	25 700.66	0.33	−0.94	0.15	−0.46

3.1.7　车尔臣河流域土地利用/覆被变化

车尔臣河流域1990—2020年土地利用/覆被变化显著（图3-6）。耕地、水域和居民工矿用地面积呈明显增加趋势，与1990年相比，2020年分别增加237.42%、269.51%、195.95%，增加面积363.09 km²、382.38 km²和17.42 km²；其中耕地、居民工矿用地面积呈现逐渐增加趋势，1990—2000年、2000—2010年和2010—2020年耕地面积分别增加

97.27%、28.09%、33.54%，增加面积分别为148.75 km²、84.74 km²和129.60 km²；1990—2000年、2000—2010年和2010—2020年居民工矿用地面积分别增加11.59%、20.26%、120.54%，增加面积分别为1.03 km²、2.01 km²和14.38 km²（表3-7）。有林地、灌木林地面积呈现上升趋势，2020年有林地、灌木林地面积分别增加了78.77 km²、125.17 km²，疏林地面积减少了98.57 km²（表3-7）。高覆盖草地面积呈现减少趋势，减少了374.82 km²，减少幅度为25.18%，中覆盖草地、低覆盖草地面积分别增加了17.75 km²、45.10 km²，增加幅度分别为2.17%、1.33%（表3-7）。未利用地面积整体变化较小，减少比例仅为2.99%。在遥感影像中车尔臣河流域的天然植被稀少，大多数为未利用地，这种变化与耕地面积的持续扩大有关，农业用水量的不断增加，生态用水的消耗量不断减少，导致流域的生态环境退化。由此可见，整个车尔臣河流域耕地与水域面积增长，逐步抢占了生态用水资源，使得整个流域天然植被覆盖度较低，因此也导致未利用地面积上升。

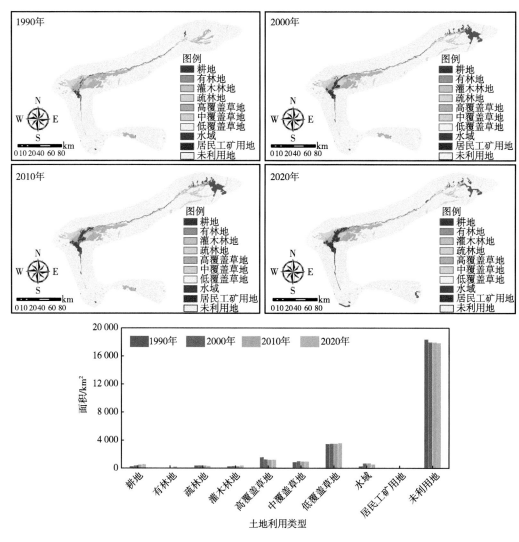

图3-6　车尔臣河流域1990—2020年土地利用类型变化

表3-7 车尔臣河流域各土地利用类型面积与变化幅度

土地利用类型	面积/km²				变化比例/%			
	1990年	2000年	2010年	2020年	1990—2000年	2000—2010年	2010—2020年	1990—2020年
耕地	152.93	301.68	386.42	516.02	97.27	28.09	33.54	237.43
有林地	0.18	0.18	0.70	78.95	0.00	288.65	11 157.56	43 652.87
疏林地	281.33	313.12	313.05	182.76	11.30	−0.02	−41.62	−35.03
灌木林地	185.82	193.86	192.32	310.99	4.33	−0.79	61.70	67.36
高覆盖草地	1 488.65	1 182.88	1 140.94	1 113.83	−20.54	−3.55	−2.38	−25.18
中覆盖草地	817.21	934.31	918.62	834.96	14.33	−1.68	−9.11	2.17
低覆盖草地	3 383.13	3 400.17	3 353.93	3 428.23	0.50	−1.36	2.22	1.33
水域	141.88	602.36	615.97	524.26	324.57	2.26	−14.89	269.52
居民工矿用地	8.89	9.92	11.93	26.31	11.59	20.26	120.54	195.77
未利用地	18 301.25	17 822.73	17 823.36	17 754.78	−2.61	0.00	−0.38	−2.99

3.1.8 迪那河流域土地利用/覆被变化

迪那河流域1990—2020年土地利用/覆被变化主要表现为耕地、水域、居民工矿用地和未利用地面积扩张，林地、草地面积减少（图3-7）。31年间迪那河流域内耕地、水域、居民工矿用地和未利用地面积分别增加了202.03%、82.40%、488.77%和74.54%，增加面积分别为444.54 km²、8.20 km²、54.33 km²和189.93 km²，其中耕地面积和居民工矿用地面积呈现逐年增加的趋势（表3-8）。1990—2000年、2000—2010年和2010—2020年耕地面积分别增加46.43%、43.20%、44.03%，增加面积分别为102.17 km²、139.20 km²和203.17 km²；1990—2000年、2000—2010年和2010—2020年居民工矿用地面积分别增加172.01%、21.37%和78.36%，增加面积分别为19.12 km²、6.46 km²和28.75 km²（表3-8）。与1990年相比，2020年有林地面积呈现上升趋势，增加面积为2.94 km²，增加比例为36.03%，疏林地、灌木林地面积呈现下降趋势，减少面积分别为185.56 km²、182.47 km²，减少比例分别为33.85%、38.55%；高覆盖草地、中覆盖草地和低覆盖草地面积均呈现下降趋势，1990—2000年、2000—2010年和2010—2020年高覆盖草地面积分别减少56.39%、37.36%、62.32%，减少面积分别为34.02 km²、9.83 km²和10.27 km²，1990—2000年、2000—2010年和2010—2020年中覆盖草地面积分别减少1.16%、3.74%和17.21%，减少的面积分别为1.00 km²、3.19 km²和14.13 km²，1990—2000年、2000—2010年和2010—2020年低覆盖草地面积分别减少17.69%、6.14%和9.20%，减少面积分别为153.75 km²、43.91 km²和61.81 km²（表3-8）。可以看出，2000—2020年迪那河流域在人为活动干扰下，耕地、水域及居民工矿用地逐渐侵占天然植被生长地，使得林地、草地面积整体有所下降。

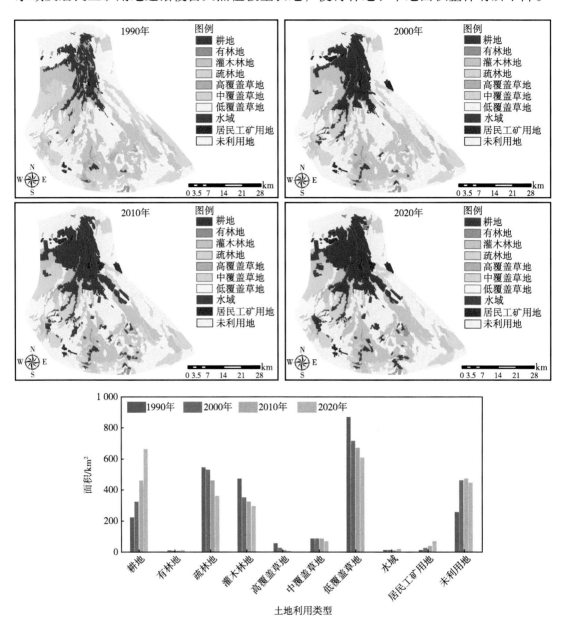

图3-7 迪那河流域1990—2020年土地利用类型变化

表3-8 迪那河流域各土地利用类型面积与变化幅度

土地利用类型	面积/km²				变化比例/%			
	1990年	2000年	2010年	2020年	1990—2000年	2000—2010年	2010—2020年	1990—2020年
耕地	220.04	322.21	461.41	664.58	46.43	43.20	44.03	202.03

（续表）

土地利用类型	面积/km²				变化比例/%			
	1990年	2000年	2010年	2020年	1990—2000年	2000—2010年	2010—2020年	1990—2020年
有林地	8.16	8.16	8.16	11.10	0.00	0.00	36.03	36.03
疏林地	548.16	530.85	461.44	362.60	−3.16	−13.08	−21.42	−33.85
灌木林地	473.33	353.88	327.86	290.86	−25.24	−7.35	−11.29	−38.55
高覆盖草地	60.33	26.31	16.48	6.21	−56.39	−37.36	−62.32	−89.71
中覆盖草地	86.29	85.29	82.10	67.97	−1.16	−3.74	−17.21	−21.23
低覆盖草地	869.34	715.59	671.68	609.87	−17.69	−6.14	−9.20	−29.85
水域	9.96	9.80	10.04	18.16	−1.61	2.45	80.88	82.33
居民工矿用地	11.11	30.23	36.69	65.44	172.10	21.37	78.36	489.02
未利用地	254.82	459.23	465.67	444.75	80.22	1.40	−4.49	74.53

3.1.9 渭干—库车河流域土地利用/覆被变化

渭干—库车河流域1990—2020年耕地、水域和居民工矿用地面积增加（图3-8），与1990年相比，2020年的耕地、水域和居民工矿用地面积增加幅度分别为135.44%、39.48%和208.66%，增加面积分别为2 614.27 km²、36.51 km²、312.01 km²；1990—2000年、2000—2010年和2010—2020年耕地面积分别增加58.41%、36.36%、8.99%，增加面积分别为1 127.48 km²、1 111.87 km²和374.92 km²；1990—2000年、2000—2010年和2010—2020年水域面积分别增加4.51%、19.77%和11.43%，增加面积分别为4.17 km²、19.11 km²和13.23 km²；1990—2000年、2000—2010年和2010—2020年居民工矿用地面积分别增加16.28%、27.89%和107.56%，增加面积分别为24.34 km²、48.49 km²和239.18 km²（表3-9）。未利用地变化明显，呈现不断降低的变化趋势，1990—2020年由1 887.37 km²减少至1 695.53 km²，减少幅度为10.16%（表3-9）。31年来，疏林地、灌木林地面积呈现不断下降的趋势，在1990—2000年、2000—2010年、2010—2020年和1990—2020年这4个时间段内，疏林地减少面积分别为240.49 km²、147.99 km²、123.29 km²和511.77 km²，减少幅度分别为11.84%、8.27%、7.51%和25.21%；在1990—2000年、2000—2010年、2010—2020年和1990—2020年这4个时间段内，灌木林地减少面积分别为118.77 km²、215.73 km²、80.98 km²和415.48 km²，减少幅度分别为12.58%、26.13%、13.28%和43.99%；有林地面积呈现先上升后下降的趋势，2020年有林地面积比1990年增加了

2.44 km²，增加幅度为11.23%（表3-9）。造成渭干—库车河流域耕地与居民工矿用地明显增长的主要原因是人类活动加剧，人为因素的干扰逐渐增加，在2010—2020年未利用地面积明显减少，草地、林地面积明显减少，这也表明在这一时期内未利用地受人为因素的影响而转变为耕地和居民工矿用地，天然植被面积降低。

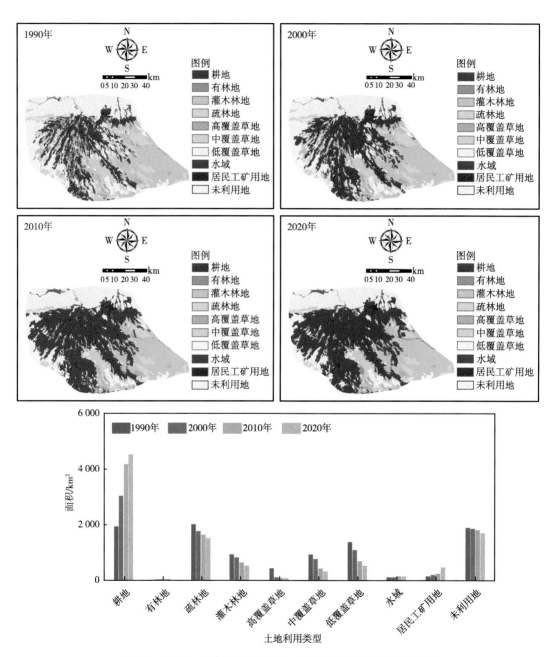

图3-8 渭干一库车河流域1990—2020年土地利用类型变化

表3-9　渭干—库车河流域各土地利用类型面积与变化幅度

土地利用类型	面积/km²				变化比例/%			
	1990年	2000年	2010年	2020年	1990—2000年	2000—2010年	2010—2020年	1990—2020年
耕地	1 930.15	3 057.63	4 169.50	4 544.42	58.41	36.36	8.99	135.44
有林地	21.72	21.75	29.13	24.16	0.14	33.93	−17.06	11.23
疏林地	2 030.32	1 789.83	1 641.84	1 518.55	−11.84	−8.27	−7.51	−25.21
灌木林地	944.40	825.63	609.90	528.92	−12.58	−26.13	−13.28	−43.99
高覆盖草地	429.79	97.15	69.84	56.71	−77.40	−28.11	−18.80	−86.81
中覆盖草地	928.24	760.48	431.64	333.41	−18.07	−43.24	−22.76	−64.08
低覆盖草地	1 380.46	1 088.03	691.93	497.94	−21.18	−36.41	−28.04	−63.93
水域	92.47	96.64	115.75	128.98	4.51	19.77	11.43	39.48
居民工矿用地	149.53	173.87	222.36	461.54	16.28	27.89	107.56	208.66
未利用地	1 887.37	1 884.14	1 807.34	1 695.53	−0.17	−4.08	−6.19	−10.16

3.1.10　克里雅河流域土地利用/覆被变化

克里雅河流域1990—2020年土地利用/覆被变化的最显著特征就是草地面积的减少和耕地、林地、水域和居民工矿用地面积的增加，未利用地变化较小（图3-9）。与1990年相比，2020年未利用地面积变化幅度仅为1.88%，减少面积355.99 km²。在1990—2000年、2000—2010年、2010—2020年和1990—2020年这4个时间段内，耕地增加面积分别为148.81 km²、105.23 km²、311.61 km²和565.65 km²，增加幅度分别为18.99%、11.29%、30.03%和72.19%；在1990—2000年、2000—2010年、2010—2020年和1990—2020年这4个时间段内，水域增加面积分别为34.11 km²、4.73 km²、17.00 km²和55.84 km²，增加幅度分别为3.73%、0.50%、1.78%、6.11%；在1990—2000年、2000—2010年、2010—2020年和1990—2020年这4个时间段内，居民工矿用地增加面积分别为2.12 km²、2.02 km²、58.15 km²和62.29 km²，增加幅度分别为6.16%、5.53%、150.88%、181.08%（表3-10）。有林地面积呈现上升趋势，与1990年相比，2020年增加了28.51 km²。疏林地面积呈现先上升后下降的趋势，灌木林地面积呈现上升趋势（表3-10）。中覆盖草地和低覆盖草地面积呈现下降趋势，1990—2020年，中覆盖草地和低覆盖草地面积分别减少了28.34 km^2、178.06 km^2，减少幅度分别为2.73%、6.09%；高覆盖草地面积减少了173.59 km^2，减少幅度为10.01%（表3-10）。由此可见，整个克里雅河流域土地利用/覆被较为明显的变化还是耕地面积逐渐侵占了天然植被的面积，使得流域天然植被面积明显减少。

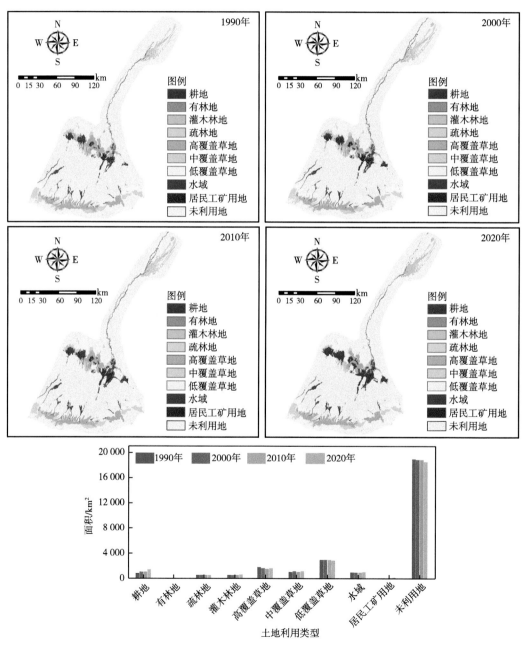

图3-9　克里雅河流域1990—2020年土地利用类型变化

表3-10　克里雅河流域各土地利用类型面积与变化幅度

土地利用类型	面积/km²				变化比例/%			
	1990年	2000年	2010年	2020年	1990—2000年	2000—2010年	2010—2020年	1990—2020年
耕地	783.61	932.42	1 037.65	1 349.26	18.99	11.29	30.03	72.19
有林地	4.14	30.20	30.20	32.65	629.47	0.00	8.11	688.65
疏林地	481.54	484.06	484.06	469.97	0.52	0.00	-2.91	-2.40
灌木林地	476.27	475.61	475.61	511.52	-0.14	0.00	7.55	7.40
高覆盖草地	1 733.76	1 536.05	1 523.84	1 560.17	-11.40	-0.79	-2.38	-10.01
中覆盖草地	1 039.74	1 100.92	1 072.12	1 011.40	5.88	-2.62	-5.66	2.73
低覆盖草地	2 923.31	2 889.85	2 864.22	2 745.25	-1.14	-0.89	-4.15	-6.09
水域	913.63	947.74	952.47	969.47	3.73	0.50	1.78	6.11
居民工矿用地	34.40	36.52	38.54	96.69	6.17	5.52	150.91	181.09
未利用地	18 912.23	18 869.25	18 823.93	18 556.24	-0.23	-0.24	-1.42	-1.88

3.1.11　喀什噶尔河流域土地利用/覆被变化

喀什噶尔河流域1990—2020年土地利用/覆被变化显著（图3-10）。耕地和居民工矿用地呈明显增加趋势，增加幅度分别为51.44%及99.22%，增加面积分别为2 477.63 km²和240.78 km²。在1990—2000年、2000—2010年、2010—2020年和1990—2020年这4个时间段内，耕地增加面积分别为433.39 km²、1 634.45 km²、409.79 km²和2 477.63 km²，减少幅度分别为9.00%、31.13%、5.95%和51.44%；在1990—2000年、2000—2010年、2010—2020年、1990—2020年这4个时间段内，居民工矿用地增加面积分别为20.65 km²、76.72 km²、143.11 km²、240.48 km²，增加幅度分别为8.52%、29.17%、42.12%、99.22%（表3-11）。31年来水域面积呈现先下降后上升的趋势，与1990年相比，2020年水域面积增加了30.92 km²，增加幅度为2.81%（表3-11）。未利用地面积呈现先上升后下降的趋势，与1990年相比，2020年未利用地面积减少了1 780.94 km²，减少幅度为7.53%（表3-11）。有林地面积31年来增加了30.03 km²，增加幅度为25.77%；疏林地面积呈现下降趋势，减少面积为35.11 km²，减少幅度为19.44%；灌木林地呈现先下降后上升的趋势，与1990年相比，2020年灌木林地面积减少了37.19 km²，减少幅度为3.21%（表3-11）。与1990年相比，2020年高覆盖草地、中覆盖草地面积分别减少了286.71 km²、

976.70 km²，减少幅度分别为32.59%、30.55%；低覆盖草地面积增加了147.90 km²，增加幅度为1.15%（表3-11）。因此，整个喀什噶尔河流域土地利用/覆被较为明显的变化是耕地和居民工矿用地面积的增长，这意味着人类活动加剧，受人为因素影响，耕地面积逐渐侵占了天然植被面积，使得流域草地面积明显减少。

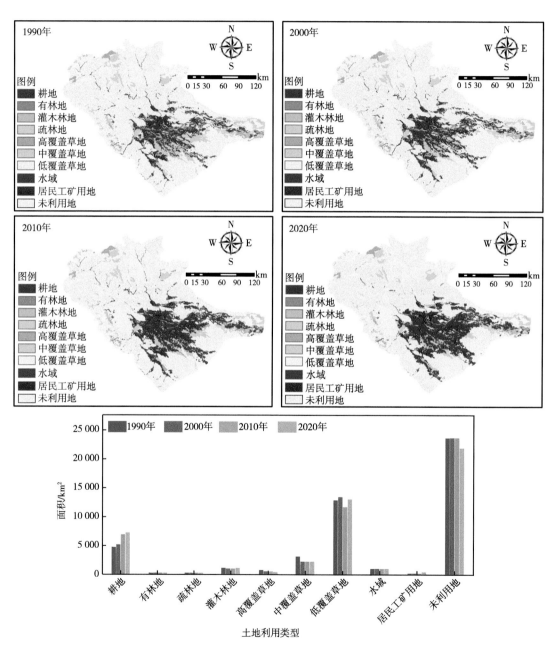

图3-10　喀什噶尔河流域1990—2020年土地利用类型变化

表3-11　喀什噶尔河流域各土地利用类型面积与变化幅度

土地利用类型	面积/km²				变化比例/%			
	1990年	2000年	2010年	2020年	1990—2000年	2000—2010年	2010—2020年	1990—2020年
耕地	4 816.24	5 249.63	6 884.08	7 293.87	9.00	31.13	5.95	51.44
有林地	116.55	116.37	119.19	146.58	-0.15	2.42	22.98	25.77
疏林地	180.61	179.55	173.20	145.50	-0.59	-3.54	-15.99	-19.44
灌木林地	1 158.35	1 144.69	1 103.12	1 121.16	-1.18	-3.63	1.64	-3.21
高覆盖草地	879.84	721.87	715.22	593.13	-17.95	-0.92	-17.07	-32.59
中覆盖草地	3 197.57	2 341.14	2 349.97	2 220.87	-26.78	0.38	-5.49	-30.55
低覆盖草地	12 907.74	13 466.82	11 764.32	13 055.64	4.33	-12.64	10.98	1.15
水域	1 100.84	1 088.69	1 095.60	1 131.76	-1.10	0.63	3.30	2.81
居民工矿用地	242.38	263.03	339.75	482.86	8.52	29.17	42.12	99.22
未利用地	23 638.07	23 666.39	23 693.71	21 857.13	0.12	0.12	-7.75	-7.53

3.2　多尺度协同的植被覆盖度渐变模式

3.2.1　数据来源及处理方法

3.2.1.1　数据源与预处理

MODIS数据是由美国地球观测系统（EOS）计划中用于观测全球生物和物理过程的中分辨率成像光谱仪提供的数据产品。与诺阿（NOAA）卫星的先进甚高分辨率辐射仪（AVHRR）和TM遥感数据相比，MODIS数据具有更高的时间分辨率和光谱分辨率，因此更适用于中大尺度的区域动态变化监测。MODIS有36个波段的观测数据，标准数据产品有44种，可以分为大气、陆地、冰雪、海洋4个专题数据集。本研究采用Terra卫星发布的MOD13 Q1数据产品，该数据为250 m分辨率的16 d合成NDVI产品。

在利用NDVI时间序列来探测植被长期变化之前，必须对这些数据集进行预处理，才能够生成完整的时间序列数据。预处理的过程如下：运用MODIS重投影工具（MODIS Reprojection Tool，MRT）提取出所有的NDVI波段，再进行重采样、重投影和投影转换等处理，输出坐标系选择WGS-1984，再用Savitzky-Golay滤波法对NDVI序列进行平滑处理。

由于云、雨、雪在陆地表面覆盖时，可见光的反射作用较高，所以NDVI为负值，而某些特殊地形，如岩石、裸土等的NDVI为0，所以剔除栅格中NDVI小于0.1的值，得到塔里木河干流NDVI有效值，且值越大，表示植被覆盖度越高。

NDVI时间序列缺失值处理不当，就会累积误差，造成大量错误，本研究采用线性内插法来填补NVDI序列中的缺失值。最后，得到一个具有连续的时间序列的NDVI数据集，其时间跨度从2000年到2020年，每年23期，一共460期。

本研究对塔里木河流域2000—2020年的NDVI进行最大合成，获得年最大生长季的NDVI，最终得到覆盖2000—2020年20个年份生长季的NDVI时间序列数据集。本研究将所有非植被或稀疏植被区域掩膜掉，只对这20年间最大生长季NDVI不小于0.1的植被覆盖像元进行分析。

3.2.1.2 新框架的构建

（1）新框架的概述

本研究构建的新框架是在时间序列的基础上将植被长期的单调性变化过程分为以下5种不同的变化模式：持续变化、早期稳定晚期变化、晚期稳定早期变化，从一种平衡到另一种平衡或又转变至第三种平衡状态。将这5种模式分别归为线性模式、指数模式、对数模式、逻辑模式和高斯模式，再将这5种模式的正负变化趋势归类为9种情况，如表3-12所示。

表3-12 植被的各种变化模式及其主要特征

变化模式	线型	变化趋势（b为线性回归参数或logistic回归参数）	过渡年的个数	变化年（c为logistic回归参数）	植被变化持续时间	未来植被变化趋势
无趋势	△	△	△	△	△	△
线性模式		$b>0$	0	△	△	保持增长趋势
		$b<0$	0		△	保持减少趋势
指数模式		$b<0$	1	过渡年<c	△	保持增长趋势
		$b>0$	1		△	保持减少趋势
对数模式		$b<0$	1	过渡年≥c	△	高度稳定状态
		$b>0$	1		△	低度稳定状态
逻辑模式		$b<0$	2	△	√	高度稳定状态
		$b>0$	2		√	低度稳定状态

注：△表示无；√表示有。

本研究首先采用一定的规则对原始NDVI时间序列进行延长处理，再用一系列函数来构建模型，最后通过NDVI时间序列曲线来判断植被变化的模式。本研究构建的植被变化过程检测框架的具体流程如图3-11所示。

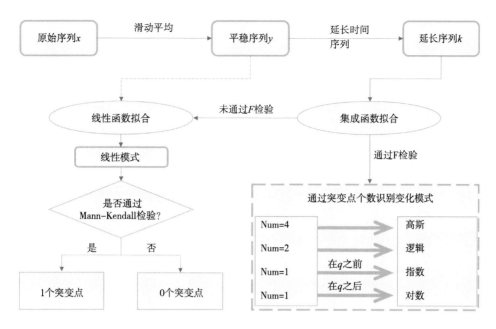

图3-11　植被变化检测新框架的流程图

（2）集成函数模拟非线性模式

当植被受到外界重大冲突时，植被会进入一个突然变好或突然变坏的情况，为了研究突然变化的时刻点，本研究对进行平滑处理后的NDVI时间序列进行简单的一阶求导，求导后的最大值所对应的点就是植被变化最快的时刻。求导公式为：

$$f'(t_0) = \lim_{t \to t_0} \frac{f(t) - f(t_0)}{t - t_0} \qquad (3\text{-}2)$$

式中，$f'(t_0)$ 表示在t_0时刻的NDVI的变化率。

为了可以用逻辑函数来更好地模拟指数或对数模式，本研究对平滑处理后的NDVI时间序列y进行延长处理，使延长后的NDVI时间序列的长度以P为中心点，被延长的部分均用时间序列y中的第一项或者最后一项填充。延长后的NDVI序列L的横坐标的长度可以根据中心点P的值通过下述方程获得：

$$L = \begin{cases} 20 & P = 10 \\ 20 \times (20 - P) & P < 10 \\ 2 \times (P - 1) & P > 10 \end{cases} \qquad (3\text{-}3)$$

本研究中的时间长度为20年，时间序列的中点是10，如果点P的值为10，则延长后的序列与原序列相同；如果点P的值小于10，则延长后的时间序列的前20项与原序列相同，其他的值用原序列的第一项来填充；如果点P的值大于10，则延长后的时间序列的后20项与原序列相同，其他的值用原序列的最后一项来填充。之后，使用集成函数拟合时间序列 k ，该函数形式如下：

$$f(t) = \frac{m}{1+e^{\varphi(t)}} + n \qquad (3-4)$$

式中， m 为时间序列最大值与背景值的差值，表示生态要素在某一时期内的变化强度； n 为揭示了生态要素变化的初始背景值。

值得注意的是，当 $\varphi(t)=p(t-q)$ 时（ p 表示植被变化的方向， q 表示变化发生的时间），式（3-4）等价于逻辑函数；当 $\varphi(t)=p(t-q)^2$ 时，式（3-4）等价于非对称高斯函数。拟合优度通过标准 F 统计检验来实现。突变年是指生态要素开始增减或结束变化的时间。一般而言，变化开始由扰动事件引起，变化停止则说明生态要素变化达到稳定状态。本研究使用曲率变化率法来识别突变点。集成函数的变化率 K 可用式（3-5）表示，之后计算 K 的一阶导数，突变点的位置即为最大值和最小值对应的点。

$$K = \frac{-m \times e^{\varphi(t)} \times \varphi'(t)}{\left[1+e^{\varphi(t)}\right]^2} \qquad (3-5)$$

通过突变点的数目以及集成函数的4个参数，可以识别出生态要素的8种非线性变化模式。若数值为4，生态要素变化呈高斯模式；当数值为2，生态要素变化呈逻辑模式；若数值为1，且突变点时间在 q 之前，则生态要素变化为指数模式，否则为对数模式。此外，通过 p 的正负可以判断出变化的方向。若 p 为正值，则生态要素发生的是积极变化，反之为消极变化。

在进行集成函数拟合优度检验时，对于没有通过 F 检验的栅格以及没有过渡年的栅格采用最小二乘法进行线性回归。计算公式如下：

$$f(i) = s + b \times i \qquad (i=1, 2, \cdots, n) \qquad (3-6)$$

式中， i 是生态要素的原时间序列中的第 i 年； s 和 b 是线性回归的参数， b 表示生态要素的变化趋势。

同样，使用 F 检验进行拟合优度检验，通过 F 检验的栅格点，则其生态要素呈线性变化趋势，其余不属于上述模式的栅格点被定义为无明显变化趋势，在本研究中不做详细分析。此外，为验证线性模式是否同样存在突变点，本研究采用Mann-Kendall突变检验法对其进行进一步检验。首先构造Mann-Kendall检验秩序列：

$$S_k = \sum_{i=1}^{k} \sum_{j=1}^{i} \alpha_{ij} \qquad (k=1, 2, 3, \cdots, n) \qquad (3-7)$$

$$\alpha_{ij} = \begin{cases} 1 & x_i > x_j \\ 0 & x_i \leq x_j \end{cases} \qquad (3-8)$$

在时间序列随机独立的假定下，对S_k标准化为U_{F_k}。对给定显著性水平α，若$|U_{F_k}|>U_\alpha$，则表明序列存在明显的趋势变化。对U_{F_k}序列取相反数得到它的反序列U_{B_k}。如果U_{F_k}和U_{B_k}这两条曲线出现交点，且交点在临界直线之间，那么交点对应的时刻就是突变开始的时刻。

3.2.2　阿克苏河流域植被覆盖度渐变模式

3.2.2.1　流域渐变模式空间分布

阿克苏河流域植被覆盖度变化模式的空间分布见图3-12a，线性增长模式在所有变化模式中占主导地位（46.6%）。在其余变化模式中，线性减少、指数增长、指数减少、对数增长、对数减少、逻辑增长、逻辑减少模式占比分别为4.1%、16.8%、0.2%、14.7%、0.7%、16.8%、0.1%。整体来看，增长模式占比（94.9%）远高于减少模式（5.1%）。减少模式主要分布在流域的东北地区。在植被覆盖度未来变化趋势分布图中（图3-12b），未来呈持续增长趋势的面积占比最高（63.4%），未来呈持续高水平稳定状态的面积占比次之（31.5%），未来呈持续减少趋势的面积占比为4.3%，保持低水平稳定状态的面积占比最低（0.8%）。总体而言，植被覆盖度未来变化趋势为持续改善和处于高水平稳定状态（94.9%）的面积占比远高于持续恶化和处于低水平稳定状态（5.1%）的面积占比。这表明阿克苏河流域植被覆盖度未来整体将处于或趋向良性状态。在植被正处于改善的区域，应当加强生态系统建设力度，以促进生态建设进一步发展和恢复；而在植被已经到达高覆盖度的地区，应以保护为主，健全流域管理制度和区域管理制度，确保生态经济可持续发展；在植被持续减少且处于低覆盖度的区域，寻找导致NDVI降低的原因，并运用合理的方法进行改善和治理，为流域生态健康做出合理规划。

本研究方法也可以检测出线性模式的突变点，阿克苏河流域所有像元中的植被覆盖度变化模式突变点个数为0、1、2的像元占比分别为48.1%、35.0%、16.9%（图3-12c）。阿克苏河流域植被覆盖度的第一个转变点出现的时间（图3-12d）主要集中在2010—2014年，占比为40.1%。阿克苏河流域东部和南部边缘地区发生第一次突变的时间整体偏早。逻辑模式在第二个转折点后达到相对稳定状态，其第二个转变点时间的空间分布如图3-12e所示。由图3-12e可以看出，2007年以前阿克苏河流域植被达到稳定状态的像元面积占比均在1%以下；阿克苏河流域植被达到稳定的时间主要集中2012年以后，占比为83.3%。研究结果显示，在阿克苏河流域植被变化呈现逻辑模式的区域中，共有18个持续变化年数，本研究将15个持续变化的年数分为4类：2年以内、3～4年、5～7年、8年以上。植被覆盖度变化持续时间的空间分布见图3-12f。阿克苏河流域植被覆盖度变化持续时间为8年以上的占比最高达55.5%，5～7年的占比次之，为20.9%，2年以内的占比为12.4%，3～4年的占比最低，为11.2%。植被变化持续时间为1～2年的一般为草本植物，这类植物的恢复或者退化所需时间较短；变化持续时间为8年以上的一般为乔灌木，其恢复过程较为缓慢。从生态学角度出发，干旱内陆河流域的乔灌木植被对群落的重要性优于草本植物。由此可以看出，阿克苏河流域生态系统植被群落结构相对稳定。

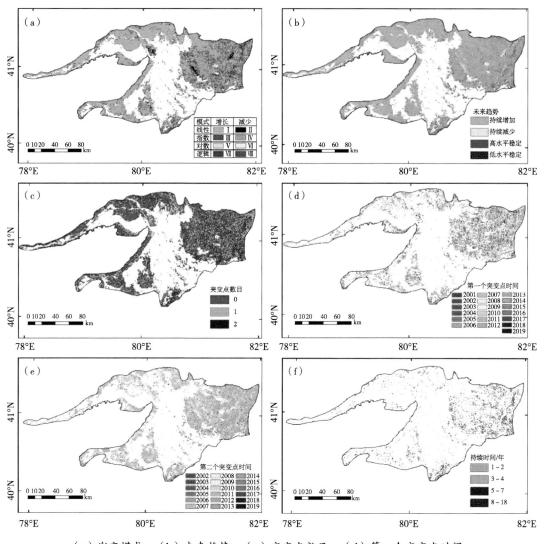

（a）渐变模式；（b）未来趋势；（c）突变点数目；（d）第一个突变点时间；
（e）第二个突变点时间；（f）变化持续时间的空间分布

图3-12　阿克苏河流域2000—2020年植被覆盖渐变模式

3.2.2.2　流域总体渐变模式

对每一年所有像元值求平均，再利用研究框架可以拟合得到整个区域的变化模式。从图3-13中可以看出，阿克苏河流域植被覆盖度变化模式为逻辑增长型，其在2001年开始发生明显变化，至2010年变化趋于稳定。流域植被覆盖度未来整体将保持高水平稳定状态。查阅相关资料发现，1999年是塔里木河流域旱灾最为严重的一年，中上游段首次出现了河流断流现象。2001年，国务院批复的新疆关于《塔里木河流域近期综合治理规划报告》，向塔里木河流域综合治理工程下拨了107亿元。2010年"四源一干"开始划分给塔里木河流域管理局统一管理，加强对流域的保护与修复。阿克苏河流域的两个突变点时间恰好与流域重大改革实施时间重合。

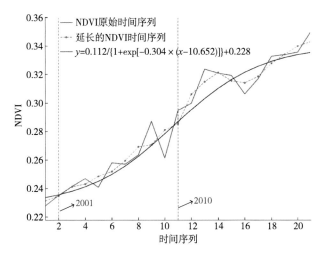

图3-13　阿克苏河流域2000—2020年植被覆盖度整体渐变模式

3.2.3　开都—孔雀河流域植被覆盖度渐变模式

3.2.3.1　流域渐变模式空间分布

　　开都—孔雀河流域植被覆盖度变化模式的空间分布见图3-14a，线性增长模式在8种变化模式种占比最大，达到44.2%。线性减少、指数增长、指数减少、对数增长、对数减少、逻辑增长、逻辑减少模式占比分别为8.6%、17.8%、0.6%、16.4%、2.3%、9.4%、0.6%。整体来看，增长模式占比（87.9%）远高于减少模式（12.1%）。减少模式主要分布在流域的南部和中部区域。植被覆盖度未来变化趋势见图3-14b，未来呈持续增长趋势的面积占比最高（62.0%）；未来保持高水平稳定状态的区域占比次之（25.8%）；未来持续减少趋势的面积占比为9.3%；保持低水平稳定状态的面积占比最低，仅为0.8%。总体而言，植被覆盖度未来变化趋势为持续改善和处于高水平稳定状态的面积占比（89.9%）远高于持续恶化和处于低水平稳定状态的面积占比（10.1%）。这表明开都—孔雀河流域植被覆盖度未来整体将处于或趋向良性状态。

　　开都—孔雀河流域所有像元中的植被覆盖度变化模式突变点个数为0、1、2的像元占比分别为49.1%、40.9%、10.0%（图3-14c）。开都—孔雀河流域植被覆盖度第一个突变点时间主要集中在2009—2019年（图3-14d），占比为70.1%。第二个突变点时间主要集中在2012—2019年，占比为84.3%（图3-14e）。开都—孔雀河流域植被覆盖度变化持续时间的空间分布见图3-14f。植被覆盖度变化持续时间为8年以上的占比最高，达62.0%；5～7年的占比次之，为18.9%，2年以内的占比为10.1%，3～4年的占比最低，为8.9%。

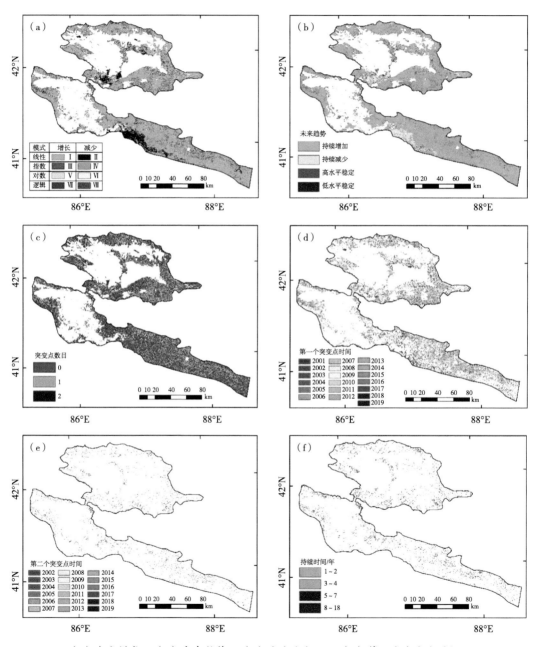

（a）渐变模式；（b）未来趋势；（c）突变点数目；（d）第一个突变点时间；
（e）第二个突变点时间；（f）变化持续时间的空间分布

图3-14　开都—孔雀河流域2000—2020年植被覆盖渐变模式

3.2.3.2 流域总体渐变模式

开都—孔雀河流域整体变化模式见图3-15。开都—孔雀河流域植被覆盖度变化模式为逻辑增长型，其在2007年开始发生明显变化，至2014年变化趋于稳定。流域植被覆盖度未来整体将保持高水平稳定状态。

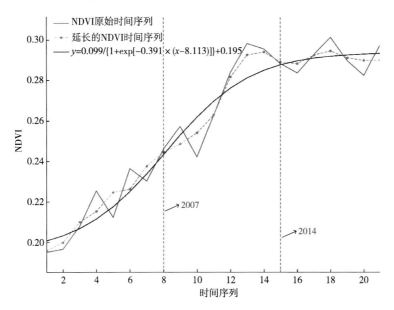

图3-15 开都—孔雀河流域2000—2020年植被覆盖度整体渐变模式

3.2.4 和田河流域植被覆盖度渐变模式

3.2.4.1 流域渐变模式空间分布

和田河流域植被覆盖度变化模式的空间分布见图3-16a，线性增长模式在8种变化模式中占比最高，达到33.9%。线性减少、指数增长、指数减少、对数增长、对数减少、逻辑增长、逻辑减少模式占比分别为3.5%、24.7%、0.3%、23.2%、0.9%、13.2%、0.3%。总体来看，呈正向变化模式的占比（95.0%）远高于负向变化模式（5.0%）。线性减少模式主要分布在流域的南部地区。植被覆盖度未来变化趋势见图3-16b，未来持续增长趋势的面积占比最高（58.6%）；未来保持高水平稳定状态的面积占比次之（36.4%）；未来持续减少趋势的面积占比为3.8%；保持低水平稳定状态的面积占比最低，仅为1.2%。整体来看，植被覆盖度未来变化趋势为持续改善和处于高水平稳定状态（95.0%）的面积占比远高于持续恶化和处于低水平稳定状态（5.0%）的面积占比。这表明和田河流域植被覆盖度未来整体将处于或趋向良性状态。

和田河流域所有像元中的植被覆盖度变化模式突变点个数为0、1、2的像元占比分别为35.5%、51.1%、13.4%（图3-16c）。和田河流域植被覆盖度第一个突变点时间在2001—2012年的像元占比逐渐升高，2012—2019年的像元占比呈现逐渐下降趋势（图3-16d）。第一个突变点时间主要集中在2010—2019年，占比为59.5%。第二个突变点时间主要集中在2012—2019年，占比为86.8%；植被覆盖度在2002—2007年达到稳定的像元面积占比均低于1%（图3-16e）。和田河流域植被覆盖度变化持续时间的空间分布见图3-16f。植被覆盖度变化持续时间为8年以上的占比最高，达68.1%，5~7年的占比次之，为17.4%，3~4年的占比为7.8%，2年以内的占比最低，为6.7%。

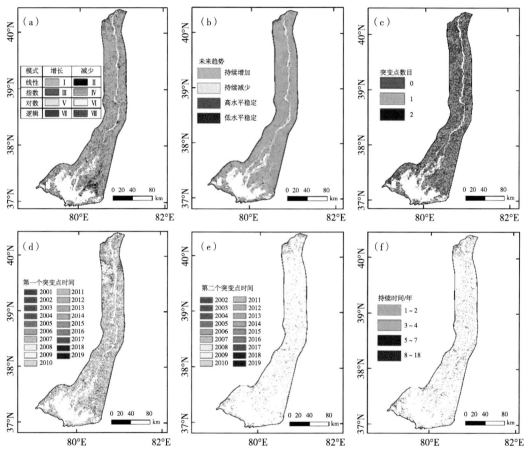

（a）渐变模式；（b）未来趋势；（c）突变点数目；（d）第一个突变点时间；
（e）第二个突变点时间；（f）变化持续时间的空间分布

图3-16　和田河流域2000—2020年植被覆盖渐变模式

3.2.4.2　流域总体渐变模式

和田河流域整体变化模式见图3-17。和田河流域植被覆盖度变化模式为逻辑增长型，其在2013年开始发生明显转变，至2019年变化趋于稳定。流域植被覆盖度未来整体将保持高水平稳定状态。

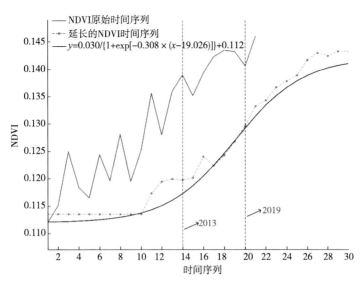

图3-17 和田河流域2000—2020年植被覆盖度整体渐变模式

3.2.5 叶尔羌河流域植被覆盖度渐变模式

3.2.5.1 流域渐变模式空间分布

　　叶尔羌河流域植被覆盖度变化模式的空间分布见图3-18a，线性增长模式在8种变化模式中占比最高，达到37.3%。线性减少、指数增长、指数减少、对数增长、对数减少、逻辑增长、逻辑减少模式占比分别为5.8%、20.0%、0.3%、17.5%、1.1%、17.8%、0.2%。总体来看，呈正向变化模式的占比（92.6%）远高于负向变化模式（7.4%）。线性减少模式主要分布在流域的东北部和西南地区。植被覆盖度未来变化趋势见图3-18b，未来持续增长趋势的面积占比最高（57.3%）；未来保持高水平稳定状态的面积占比次之（35.3%）；未来持续减少趋势的面积占比为6.1%；保持低水平稳定状态的面积占比最低，仅为1.3%。整体来看，植被覆盖度未来变化趋势为持续改善和处于高水平稳定状态的面积占比（92.6%）远高于持续恶化和处于低水平稳定状态的面积占比（7.4%）。这表明叶尔羌河流域植被覆盖度未来整体将处于或趋向良性状态。

　　叶尔羌河流域所有像元中的植被覆盖度变化模式突变点个数为0、1、2的像元占比分别为39.3%、42.7%、18.0%（图3-18c）。叶尔羌河流域植被覆盖度第一个突变点时间在2001—2012年的像元占比呈现上升趋势，2012—2019年的像元占比逐渐减少（图3-18d）。第一个突变点时间主要集中在2010—2014年，占比为39.0%。流域西南角和东北角地区第一个突变点出现时间整体偏晚。第二个突变点时间主要集中在2012—2019年，占比为83.0%；植被覆盖度在2002—2006年达到稳定的像元面积占比均低于1%；沿河两岸植被到达稳定状态的时间整体偏早（图3-18e）。叶尔羌河流域植被覆盖度变化持续时间的空间分布见图3-18f。植被覆盖度变化持续时间为8年以上的占比最高，为54.1%，5~7年的占比次之，为21.1%，2年以内的占比为13.5%，3~4年的占比最低，为11.3%。

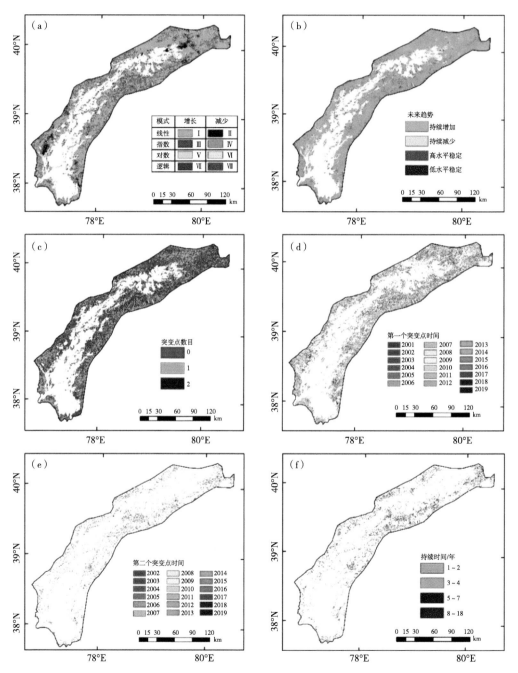

（a）渐变模式；（b）未来趋势；（c）突变点数目；（d）第一个突变点时间；
（e）第二个突变点时间；（f）变化持续时间的空间分布

图3-18　叶尔羌河流域2000—2020年植被覆盖渐变模式

3.2.5.2 流域总体渐变模式

叶尔羌河流域整体变化模式见图3-19。叶尔羌河流域植被覆盖度变化模式为逻辑增长型，其在2011年开始发生明显转变，至2016年趋于稳定。流域植被覆盖度未来整体将保持高水平稳定状态。

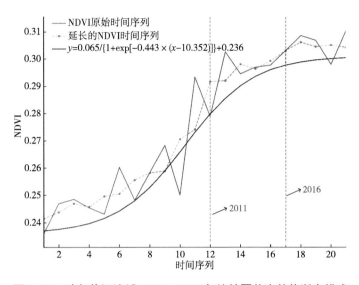

图3-19 叶尔羌河流域2000—2020年植被覆盖度整体渐变模式

3.2.6 塔里木河干流流域植被覆盖度渐变模式

3.2.6.1 流域渐变模式空间分布

塔里木河干流流域植被覆盖度变化模式的空间分布见图3-20a，线性增长模式在8种变化模式中占比最高，达到42.6%。线性减少、指数增长、指数减少、对数增长、对数减少、逻辑增长、逻辑减少模式占比分别为9.8%、18.7%、0.5%、17.7%、1.4%、9.1%、0.2%。总体来看，呈正向变化模式的占比（88.1%）远高于负向变化模式（11.9%）。线性减少模式主要分布在上中游离河较近处。植被覆盖度未来变化趋势见图3-20b，未来持续增长趋势的面积占比最高（61.3%）；未来保持高水平稳定状态的面积占比次之（26.8%）；未来持续减少趋势的面积占比为10.3%；保持低水平稳定状态的面积占比最低，仅为1.6%。整体来看，植被覆盖度未来变化趋势为持续改善和处于高水平稳定状态的面积占比（88.1%）远高于持续恶化和处于低水平稳定状态的面积占比（11.9%）。这表明塔里木河干流流域植被覆盖度未来整体将处于或趋向良性状态。

塔里木河干流流域所有像元中的植被覆盖度变化模式突变点个数为0、1、2的像元占比分别为46.9%、43.9%、9.3%（图3-20c）。塔里木河干流流域植被覆盖度第一个突变点时间主要集中在2009—2013年，占比为39.6%（图3-20d）。流域上中游沿河两岸区域的第一个突变点出现时间整体偏晚。塔里木河干流流域第二个突变点时间主要集中在2012—2019年，占比为92.4%；植被覆盖度在2002—2011年间达到稳定的像元面积占比均低于5%（图3-20e）。塔里木河干流流域植被覆盖度变化持续时间的空间分布见图3-20f。植被覆盖度变化持续时间为8年以上的占比最高，为59.0%，5~7年的占比次之，为17.9%，2年以内的占比为13.2%，3~4年的占比最低，为9.9%。

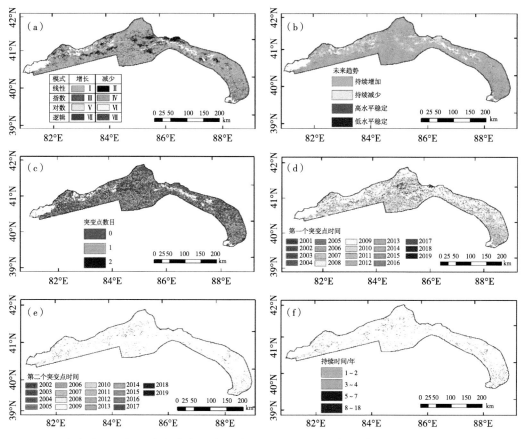

（a）渐变模式；（b）未来趋势；（c）突变点数目；（d）第一个突变点时间；
（e）第二个突变点时间；（f）变化持续时间的空间分布

图3-20　塔里木河干流流域2000—2020年植被覆盖渐变模式

3.2.6.2　流域总体渐变模式

塔里木河干流流域整体变化模式见图3-21。塔里木河干流流域植被覆盖度变化模式为逻辑增长型，其在2010年开始发生明显转变，至2019年趋于稳定。流域植被覆盖度未来整体将保持高水平稳定状态。

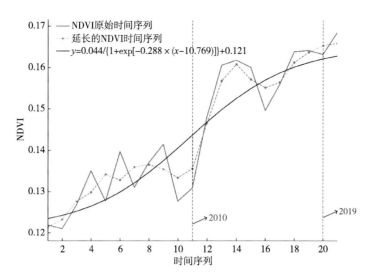

图3-21　塔里木河干流2000—2020年植被覆盖度整体渐变模式

3.2.7　车尔臣河流域植被覆盖度渐变模式

3.2.7.1　流域渐变模式空间分布

车尔臣河流域植被覆盖度变化模式的空间分布见图3-22a，指数增长模式在8种变化模式中占比最高，为26.5%。线性增长和逻辑增长占比均超过20%，分别为26.4%、25.4%。总体来看，呈正向变化模式的占比（92.7%）远高于负向变化模式（7.3%）。线性减少模式集中分布流域的东北角区域。植被覆盖度未来变化趋势见图3-22b，未来持续增长趋势的面积占比最高（52.9%）；未来保持高水平稳定状态的面积占比次之（39.9%）；未来持续减少趋势的面积占比为6.3%；保持低水平稳定状态的面积占比最低，仅为1.0%。整体来看，植被覆盖度未来变化趋势为持续改善和处于高水平稳定状态的面积占比（92.7%）远高于持续恶化和处于低水平稳定状态的面积占比（7.3%）。这表明车尔臣河流域植被覆盖度未来整体将处于或趋向良性状态。

车尔臣河流域所有像元中的植被覆盖度变化模式突变点个数为0、1、2的像元占比分别为30.3%、55.0%、14.7%（图3-22c）。车尔臣河流域植被覆盖度第一个突变点时间主要集中在2009—2013年，占比为44.7%（图3-22d）。流域上中游沿河两岸区域的第一个突变点出现时间整体偏晚。车尔臣河流域第二个突变点时间主要集中在2012—2019年，占比为88.8%；植被覆盖度在2002—2011年间达到稳定的像元面积占比均低于5%；流域东北角和西南地区植被达到稳定的时间整体偏晚（图3-22e）。车尔臣河流域植被覆盖度变化持续时间的空间分布见图3-22f。植被覆盖度变化持续时间为8年以上的占比最高，为66.1%，5～7年的占比次之，为17.3%，2年以内的占比为8.9%，3～4年的占比最低，为7.7%。

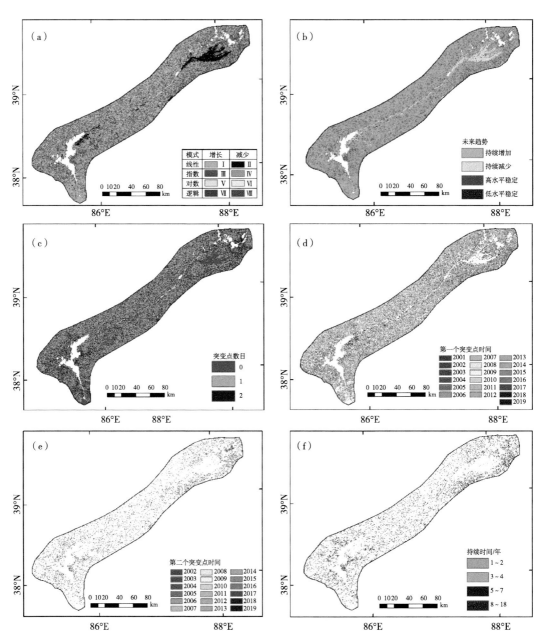

（a）渐变模式；（b）未来趋势；（c）突变点数目；（d）第一个突变点时间；
（e）第二个突变点时间；（f）变化持续时间的空间分布

图3-22　车尔臣河流域2000—2020年植被覆盖渐变模式

3.2.7.2　流域总体渐变模式

车尔臣河流域整体变化模式见图3-23。车尔臣河流域植被覆盖度变化模式为指数增长型，其开始突变的时间为2011年。流域植被覆盖度未来整体将持续增长。未来应进一步加大对车尔臣河流域的生态修复力度。

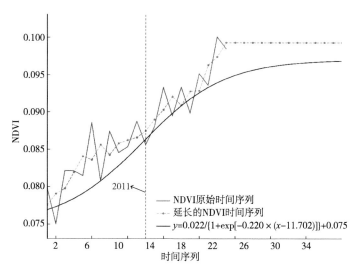

图3-23 车尔臣河流域2000—2020年植被覆盖度整体渐变模式

3.2.8 迪那河流域植被覆盖度渐变模式

3.2.8.1 流域渐变模式空间分布

迪那河流域植被覆盖度变化模式的空间分布见图3-24a，线性增长模式在8种变化模式中占比最高，为26.5%。线性减少模式在所有减少变化模式中占主导地位，其占比为16.5%，主要分布在流域的南部地区。总体来看，呈正向变化模式的占比（81.8%）远高于负向变化模式（18.2%）。植被覆盖度未来变化趋势见图3-24b。未来持续增长趋势的面积占比最高（55.9%）；未来保持高水平稳定状态的面积占比次之（25.9%）；未来持续减少趋势的面积占比为16.8%；保持低水平稳定状态的面积占比最低，仅为1.4%。整体来看，植被覆盖度未来变化趋势为持续改善和处于高水平稳定状态的面积占比（81.8%）远高于持续恶化和处于低水平稳定状态的面积占比（18.2%）。这表明迪那河流域植被覆盖度未来整体将处于或趋向良性状态。

迪那河流域所有像元中的植被覆盖度变化模式突变点个数为0、1、2的像元占比分别为46.2%、40.7%、13.1%（图3-24c）。迪那河流域植被覆盖度第一个突变点时间主要集中在2001—2013年和2017—2019年两个时段；流域东南地区发生突变的时间整体偏晚（图3-24d）。迪那河流域第二个突变点时间主要集中在2012—2019年，占比为88.0%；植被覆盖度在2002—2011年间达到稳定的像元面积占比均低于10%（图3-24e）。迪那河流域植被覆盖度变化持续时间的空间分布见图3-24f。植被覆盖度变化持续时间为8年以上的占比最高，为48.3%，5～7年的占比次之，为21.1%，2年以内的占比为19.5%，3～4年的占比最低，为11.2%。

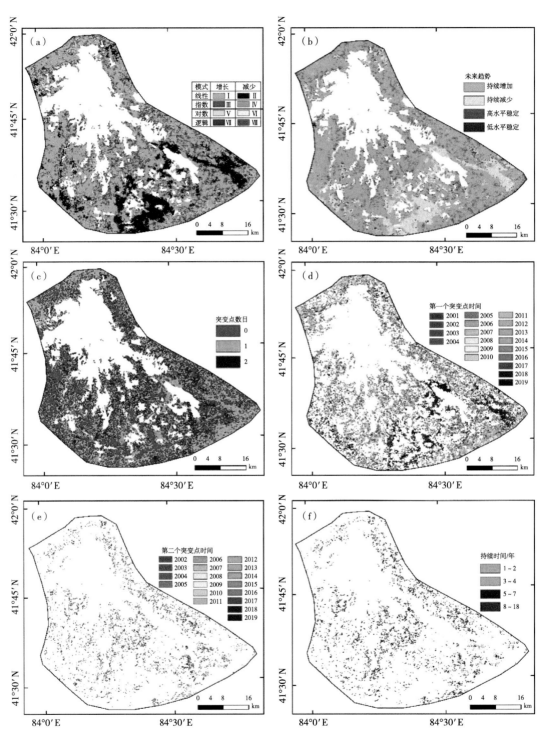

（a）渐变模式；（b）未来趋势；（c）突变点数目；（d）第一个突变点时间；
（e）第二个突变点时间；（f）变化持续时间的空间分布

图3-24　迪那河流域2000—2020年植被覆盖渐变模式

3.2.8.2 流域总体渐变模式

迪那河流域整体变化模式见图3-25。迪那河流域植被覆盖度变化模式为逻辑增长型，其开始突变的时间为2004年，至2010年变化趋于稳定。流域植被覆盖度未来整体将保持高水平稳定状态，未来对迪那河流域应以保护为主。

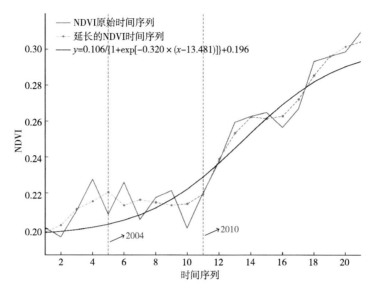

图3-25 迪那河流域2000—2020年植被覆盖度整体渐变模式

3.2.9 渭干—库车河流域植被覆盖度渐变模式

3.2.9.1 流域渐变模式空间分布

渭干—库车河流域植被覆盖度变化模式的空间分布见图3-26a，线性增长模式在8种变化模式中占比最高，为26.5%；逻辑增长模式占比次之，为18.3%。线性减少模式在所有变化模式中占比最高，为16.1%，主要分布在流域的东部地区。总体来看，呈正向变化模式的占比（82.4%）远高于负向变化模式（17.6%）。植被覆盖度未来变化趋势见图3-26b。未来持续增长趋势的面积占比最高（53.3%）；未来保持高水平稳定状态的面积占比次之（29.1%）；未来持续减少趋势的面积占比为16.4%；保持低水平稳定状态的面积占比最低，仅为1.2%。整体来看，植被覆盖度未来变化趋势为持续改善和处于高水平稳定状态的面积占比（82.4%）远高于持续恶化和处于低水平稳定状态的面积占比（17.6%）。这表明渭干—库车河流域植被覆盖度未来整体将处于或趋向良性状态。

渭干—库车河流域所有像元中的植被覆盖度变化模式突变点个数为0、1、2的像元占比分别为41.7%、39.8%、18.5%（图3-26c）。渭干—库车河流域植被覆盖度第一个突变点时间为2016年的像元面积占比最高，为19.5%；流域南部区域植被覆盖度发生第一次突变的时间整体偏晚（图3-26d）。渭干—库车河流域第二个突变点时间主要集中在2010—2016年，占比为84.1%；植被覆盖度在2002—2009年达到稳定的像元面积占比均低于10%（图3-26e）。渭干—库车河流域植被覆盖度变化持续时间的空间分布见图3-26f。植被覆盖度变化持续时间为8年以上的占比最高，为38.6%，5～7年的占比次之，为24.9%，2年以内的占比为20.5%，3～4年的占比最低，为16.0%。

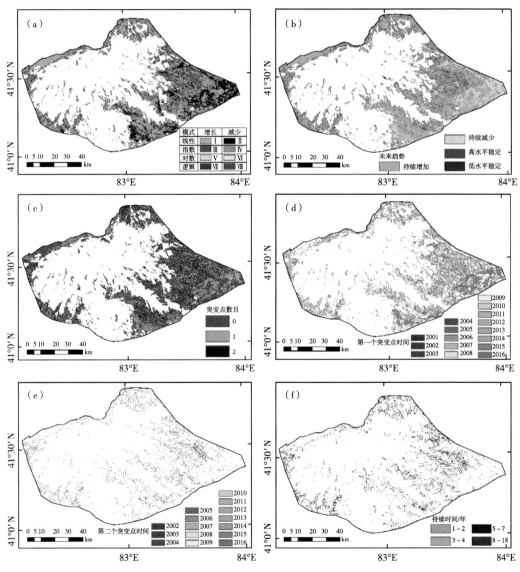

（a）渐变模式；（b）未来趋势；（c）突变点数目；（d）第一个突变点时间；
（e）第二个突变点时间；（f）变化持续时间的空间分布

图3-26　渭干—库车河流域2000—2020年植被覆盖渐变模式

3.2.9.2　流域总体渐变模式

渭干—库车河流域整体变化模式见图3-27。渭干—库车河流域植被覆盖度变化模式为逻辑增长型，其开始突变的时间为2010年，于2018年变化趋于稳定。流域植被覆盖度未来整体将保持高水平稳定状态。未来对渭干—库车河流域应以保护为主。

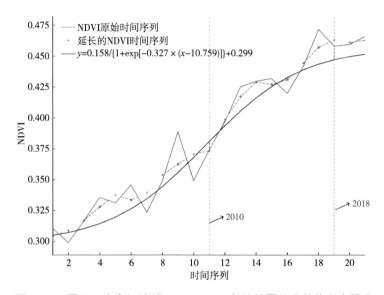

图3-27　渭干—库车河流域2000—2020年植被覆盖度整体渐变模式

3.2.10　克里雅河流域植被覆盖度渐变模式

3.2.10.1　流域渐变模式空间分布

克里雅河流域植被覆盖度变化模式的空间分布见图3-28a，线性增长模式在8种变化模式中占比最高，为49.2%；逻辑增长模式占比次之，为19.0%。线性减少模式在所有减少变化模式中占比最高，为3.0%，主要分布在流域的北部部分区域。总体来看，呈正向变化模式的占比（95.2%）远高于负向变化模式（4.8%）。植被覆盖度未来变化趋势见图3-28b。未来持续增长趋势的面积占比最高（63.3%）；未来保持高水平稳定状态的面积占比次之（31.8%）；未来持续减少趋势的面积占比为3.4%；保持低水平稳定状态的面积占比最低，仅为1.5%。整体来看，植被覆盖度未来变化趋势为持续改善和处于高水平稳定状态的面积占比（95.1%）远高于持续恶化和处于低水平稳定状态的面积占比（4.9%）。这表明克里雅河流域植被覆盖度未来整体将处于或趋向良性状态。

克里雅河流域所有像元中的植被覆盖度变化模式突变点个数为0、1、2的像元占比分别为51.0%、29.7%、19.3%（图3-28c）。克里雅河流域植被覆盖度第一个突变点时间主要集中在前13年，占比为76.8%；第一次突变时间为2014—2019年的像元面积占比呈下降趋势（图3-28d）。克里雅河流域第二个突变点时间主要集中在2012—2019年，占比为79.4%；植被覆盖度在2002—2011年间达到稳定的像元面积占比均低于6%（图3-28e）。克里雅河流域植被覆盖度变化持续时间的空间分布见图3-28f。植被覆盖度变化持续时间为8年以上的占比最高，为41.5%，5～7年的占比次之，为25.9%，2年以内的占比为19.8%，3～4年的占比最低，为12.9%。

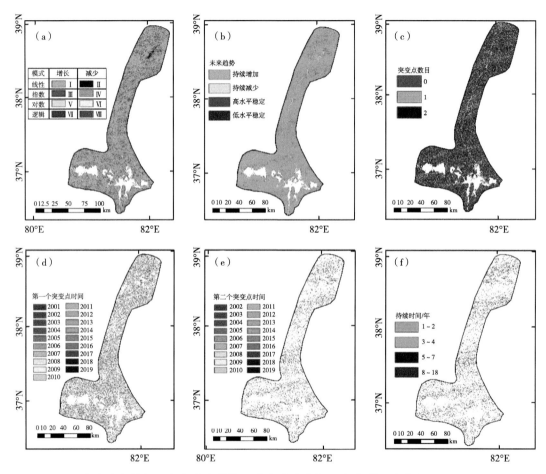

（a）渐变模式；（b）未来趋势；（c）突变点数；（d）第一个突变点时间；
（e）第二个突变点时间；（f）变化持续时间的空间分布

图3-28 克里雅河流域2000—2020年植被覆盖渐变模式

3.2.10.2 流域总体渐变模式

克里雅河流域整体变化模式见图3-29。克里雅河流域植被覆盖度变化模式为逻辑增长型，其开始突变的时间为2002年，于2010年变化趋于稳定。流域植被覆盖度未来整体将保持高水平稳定状态。未来对克里雅河流域应以保护为主。

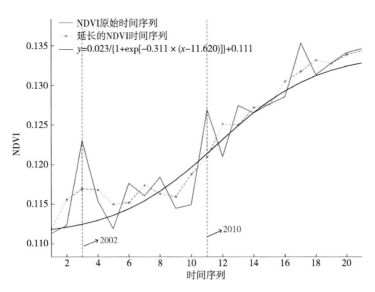

图3-29 克里雅河流域2000—2020年植被覆盖度整体渐变模式

3.2.11 喀什噶尔河流域植被覆盖度渐变模式

3.2.11.1 流域渐变模式空间分布

喀什噶尔河流域植被覆盖度变化模式的空间分布见图3-30a,线性增长模式在8种变化模式中占比最高,为34.0%;其余增长模式均在16%以上。线性减少模式在所有减少变化模式中占比最高,为4.7%,在流域的东部和东南部分布最为集中。总体来看,呈正向变化模式的占比(94.0%)远高于负向变化模式(6.0%)。植被覆盖度未来变化趋势见图3-30b。未来持续增长趋势的面积占比最高(57.0%);未来保持高水平稳定状态的面积占比次之(37.0%);未来持续减少趋势的面积占比为5.0%;保持低水平稳定状态的面积占比最低,仅为1.0%。整体来看,植被覆盖度未来变化趋势为持续改善和处于高水平稳定状态的面积占比(94.0%)远高于持续恶化和处于低水平稳定状态的面积占比(6.0%)。这表明喀什噶尔河流域植被覆盖度未来整体将处于或趋向良性状态。

喀什噶尔河流域所有像元中的植被覆盖度变化模式突变点个数为0、1、2的像元占比分别为35.9%、47.5%、16.6%(图3-30c)。喀什噶尔河流域植被覆盖度第一个突变点时间主要集中在2010—2013年;流域东部和东南部边缘地区发生突变的时间整体偏晚(图3-30d)。喀什噶尔河流域第二个突变点时间主要集中在2012—2019年,占比为85.8%;植被覆盖度在2002—2011年间达到稳定的像元面积占比均低于6%(图3-30e)。喀什噶尔河流域植被覆盖度变化持续时间的空间分布见图3-30f。植被覆盖度变化持续时间为8年以上的占比最高,为56.3%,5~7年的占比次之,为19.7%,2年以内的占比为12.8%,3~4年的占比最低,为11.2%。

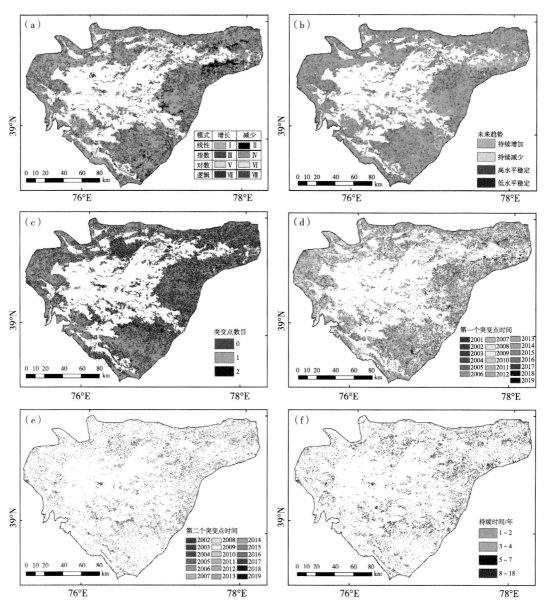

（a）渐变模式；（b）未来趋势；（c）突变点数目；（d）第一个突变点时间；
（e）第二个突变点时间；（f）变化持续时间的空间分布

图3-30　喀什噶尔河流域2000—2020年植被覆盖渐变模式

3.2.11.2　流域总体渐变模式

喀什噶尔河流域整体变化模式见图3-31。喀什噶尔河流域植被覆盖度变化模式为逻辑增长型，其开始突变的时间为2012年，于2019年变化趋于稳定。流域植被覆盖度未来整体将保持高水平稳定状态。未来对喀什噶尔河流域应以保护为主。

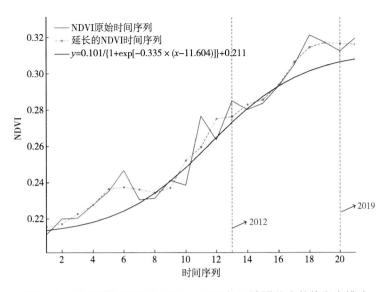

图3-31 喀什噶尔河流域2000—2020年植被覆盖度整体渐变模式

3.2.12 流域整体植被覆盖度渐变模式

流域整体变化模式见图3-32。流域植被覆盖度变化模式总体为指数增长型,其在2010年发生明显转变。流域植被覆盖度未来整体将继续增长。因此,未来应对塔里木河流域进一步加强生态治理与修复,促进植被进一步恢复和生长。

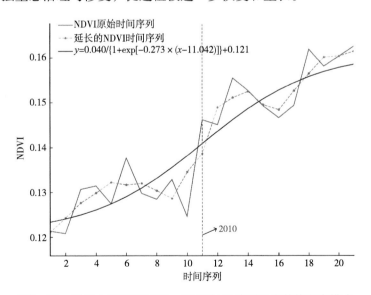

图3-32 塔里木河流域2000—2020年植被覆盖度整体渐变模式

3.2.13 小结

各流域植被覆盖变化模式以线性增长为主；总体而言，增长的占比均大于减少的占比；开始突变的时间为2010年左右；变化稳定的时间大致集中在2012—2019年，且2008年以前稳定的像元面积占比均很少；变化持续时间均以8年以上为主；区域变化模式以逻辑增长型为主，仅车尔臣河流域植被覆盖度为指数增长模式，未来应进一步加大生态修复力度。

第4章

塔里木河流域生态保护及修复的目标与范围

维持天然植被适宜生境并促进其结构稳定和功能完整是保障塔里木河流域生态安全的基础,因此,流域生态保护及修复目标应包含关键生境的阈值区间和天然植被生态要素的目标状态,而生态保护及修复的范围划定应以关键生态要素的稳定性评估为主要依据。因此,本章在总结以往天然植被生长与地下水埋深关系的基础上提出不同天然植被类型的适生水位,依据漫溢干扰下的植被群落演替规律,提出地表水–地下水联合干扰的恢复模式,同时基于植被覆盖度渐变模式的判定结果,划定天然植被保护及修复的范围,最终综合提出塔里木河流域生态保护及修复的目标与范围。

4.1 基于水与植被关系的天然植被适生水位

降水稀少、蒸发强烈是干旱区内陆河流域的天然特征,而依靠河流沿程水量转化耗散发育起来的干旱区天然植被,其主要水分来源为地下水,因此维持适宜的地下水埋深则成为保障天然植被正常生长繁育必须要实现的生态保护及修复的基础目标。本节基于荒漠河岸林物种多样性、植被生长、水分利用等与地下水埋深的关系,结合不同植被类型区的结构特点,提出不同植被类型的适生水位。

4.1.1 有林地和疏林地的适生水位

有林地一般覆盖度在30%以上,物种结构一般以近熟和成熟胡杨为主,林下有大量的柽柳、骆驼刺、花花菜等灌草,整体生长十分茂密,主要分布在河流两侧5~10 km范围内,水分供给条件较好(图4-1)。疏林地覆盖度为5%~30%,主要以过熟胡杨为主,分布有稀疏的、耐旱的铃铛刺、柽柳等灌木,整体生长状态较差,主要分布在离河道较远的天然植被与荒漠之间的过渡带(图4-1)。

图4-1　有林地和疏林地划分

4.1.1.1　数据来源及研究方法

（1）数据来源

新疆塔里木河流域干流管理局提供了2006—2020年塔里木河干流上游阿拉尔、新渠满，中游英巴扎、沙吉力克、乌斯满、沙子河口、阿其克、恰拉，下游英苏、喀尔达依、依干不及麻、阿拉干及考干地下水监测断面的逐月地下水埋深数据。

（2）野外调查及取样

①胡杨树轮取样。

在塔里木河干流，于2017年7—10月选取胡杨集中生长的阿其克、英巴扎、乌斯满河段进行取样。为了突出水分条件对胡杨树轮年表的影响，在距离河道堤防2 km以内，选取胸径为30～50 cm的成年胡杨118棵；且每棵树以"十字交叉法"获取样芯，共232个。

②叶片样品采集及处理。

中游阿其克地下水监测断面胡杨林龄结构完整，地下水变幅明显，且受人为干扰影响较小，因此选取阿其克为采样断面。阿其克断面垂直河道方向，共有6口地下水监测井（编号为E1～E6），其中E1井周边有明显的漫溢过程，E5井周边无植被，且经现场测量E2～E4和E6井地下水埋深分别为2.45 m、3.63 m、4.75 m和5.55 m，分别记编号为G1、G2、G3和G4。在与每个地下水监测井平行于河道方向，任意选择4个100 m×100 m样方，确定样方内出现的物种，并测量和记录其相应的数量、胸径、冠幅、高度、长势等，调查样方总数为16个。为避免叶片成熟度和光照的影响，采样时间选在10:00—12:00（北京时间）进行。胡杨：采集向阳面冠幅最大处的成熟叶片，每棵树采集10～20个叶片，单一林龄胡杨重复取样3次。柽柳：选择1～1.5 m高度处向阳面相同枝条的成熟叶，柽柳具有披针形或长卵形叶片，单叶质量较轻，因此每株（或丛）柽柳采集30～50个叶片，单株柽柳重复取样3次。叶片样品采集后，首先用蒸馏水漂洗，然后105℃条件下杀青15 min，晾干装入采样瓶，密封带回实验室。室内用60℃烘箱烘至恒重，然后用植物样品粉碎机将叶片粉碎过0.25 mm筛，处理后样品送同位素测定。共采集植物叶片93个。

③气象数据监测。

利用手持式自动气象仪（FR-HWS，武汉紫福瑞科技有限公司，中国），记录气温、相对湿度及大气压等气象数据，记录频次15 min/次。

（3）实验室处理

①胡杨树轮处理。

将胡杨树芯样本带回实验室进行粘贴、固定、打磨等预处理，以满足交叉定年需求。为确保交叉定年的准确性，利用LINTABTM6型树木年轮测定仪（精度0.001 mm，德国）进行年轮宽度测定，借助COFECHA交叉定年质量控制程序进行交叉定年检验和生长量的修正。标准年表的建立由ARSTAN程序完成（李延梅等，2009）。在建立年表的过程中，为了在年轮宽度年表中尽可能多地保留低频方差，使用负指数曲线或无正向坡度的直线对年轮宽度序列进行拟合，以去除树木自身的生长趋势。此外，还使用2/3序列长度的样条函数进一步稳定年表的方差，最后得到标准化年表。许多研究表明，胡杨树轮的标准化年表能够很好地反映水文变化的信息（张同文等，2011）。对于塔里木河胡杨树轮年表参数，可信的公共区间［群体表达信号（Express population signal）=0.90>0.85］，说明它能够包含较多的环境信息。断面样本的平均敏感度（Mean sensitivity）为0.34，大于0.2，表明胡杨年轮生长对环境变化的响应相当敏感。与主数据的平均相关性（Mean correlation with master）为0.64，具有较大值，表明各株间年轮的径向生长较为一致，是受相似环境因子影响的结果（喻树龙等，2008）。

②同位素测定。

同位素样品测试由华科精信稳定同位素实验室完成。利用稳定同位素质谱仪（MAT253，Thermo，美国）植物叶片δ^{13}C比率的测定。稳定同位素比率计算公式为：

$$\delta_X(‰)= \left[(R_{sample}/R_{standard})-1 \right] \times 1\,000 \qquad (4-1)$$

式中，δ_X为相应同位素的比值相对标准同位素比值的千分差，即比率；R_{sample}和$R_{standard}$分别为样品和国际通用标准物元素的重轻同位素丰度之比（如^{18}O/^{16}O）（蒋高明等，1995）。

（4）研究方法

①胡杨年轮宽度指数的计算。

为了消除树龄对径向生长量的影响，需要对径向生长量数据进行标准化处理。通过比值方法，求取新的指数序列，即进行标准化。年轮指数（I_i）是每年实际生长值，即原年轮宽度序列实测读数（w_i），与从胡杨径向生长趋势曲线上（每年生长的期望值）读出的年轮宽度值（y_i）的比值，公式如下：

$$I_i = \frac{w_i}{y_i} \tag{4-2}$$

式中，I_i 为年轮指数，或称标准化年轮宽度年表。这种标准化消除了胡杨自身生长对树木年轮宽度的影响，能够突出地下水埋深的作用（许芳岳，2020）。

②胡杨年轮宽度指数的 Mann-Kendall 单调趋势检验（张正红等，2023）。

首先，对年轮宽度指数序列 $(X_1, X_2, \cdots, X_n)$ 依次比较，结果记为 $\mathrm{sgn}(\theta)$：

$$\mathrm{sgn}(\theta) = \begin{cases} 1 & \theta > 0 \\ 0 & \theta = 0 \\ -1 & \theta < 0 \end{cases} \tag{4-3}$$

其次，便可用如下公式计算 Mann-Kendall 统计值：

$$S = \sum_{i=1}^{n-1} \sum_{k=i+1}^{n} \mathrm{sgn}(x_k - x_i) \tag{4-4}$$

式中，x_k、x_i 为要进行检验的随机变量；n 为所选数据序列的长度。

检验统计量 Z_c 计算公式如下：

$$Z_c = \begin{cases} \dfrac{s-1}{\sqrt{\mathrm{var}(s)}} & s > 0 \\ 0 & s = 0 \\ \dfrac{s+1}{\sqrt{\mathrm{var}(s)}} & s < 0 \end{cases} \tag{4-5}$$

式中，Z_c 为检验统计量；S 为 Kendall 秩次统计量。

统计量 Z_c 为正值，说明序列有上升趋势；Z_c 为负值，则表示有下降趋势。检验值显著（$|Z_c| \geq |Z_{0.05}| = 1.96$ 在 95% 下显著；$|Z_c| \geq |Z_{0.01}| = 2.58$ 在 99% 下显著），则证明趋势成立，否则则说明趋势在显著水平上是不成立的。

③胡杨年轮宽度指数的突变检验。

首先利用胡杨年轮宽度指数减少量的累积距平来确定年轮宽度指数随地下水埋深增大的拐点，再借助 Mann-Whitney 突变检验分析拐点前后两个地下水埋深水平下年轮宽度指数突变是否显著。

计算随地下水埋深增加下的年轮宽度指数减少量 $l_x = (x_1, x_2, \cdots, x_n)$，则年轮宽度指数减少量的累积距平（$Y_i$）计算公式为：

$$Y_i = \sum_{i=1}^{n} x_i - \overline{x} \tag{4-6}$$

式中，Y_i为累计距平；x_i为第i年的年轮宽度指数；$\bar{x}$为年轮宽度指数均值；n为时间序列数。

Mann-Whitney突变检验的步骤为：对于年轮宽度指数序列$X=(X_1, X_2, \cdots, X_n)$及其子序列$Y=(X_1, X_2, \cdots, X_{n1})$，$Z=(X_{n1+1}, X_{n1+2}, \cdots, X_{n1+n2})$，则Mann-Whitney阶段转换检验的统计量为：

$$z_w = \frac{\sum_{t=1}^{n_1} r(x_t) - n1(n1+n2+1)/2}{\left[n1n2(n1+n2+1)/12\right]^{1/2}} \quad （4-7）$$

式中，Z_w为检验统计量；$r(x_t)$为观测值的秩；$n1$为突变前时间序列的个数；$n2$为突变后时间序列的个数；当$-Z_{1-\alpha/2} \leq Z_w \leq Z_{1-\alpha/2}$时，接受原假设，$Z_{1-\alpha/2}$是$1-\alpha/2$在给定检验水平$\alpha$下的标准正态分布分位数。

④植物水分利用效率。

对于C_3植物而言，植物叶片中$\delta^{13}C$含量与WUE呈显著的正相关，Farquhar（1982）提出了植物叶片$\delta^{13}C$含量的理论公式：

$$\delta^{13}C_p = \delta^{13}C_a - a - (b-a)C_i/C_a \quad （4-8）$$

式中，$\delta^{13}C_p$为植物组织中$\delta^{13}C$比率；$\delta^{13}C_a$为空气中$\delta^{13}C$比率，一般取$-8‰$；a为CO_2在叶片扩散过程中的分馏，$a=4‰$；b为羧化过程中碳同位素分馏，$b=27‰$；C_i为叶片胞间CO_2浓度；C_a为大气的CO_2浓度。

基于稳定碳同位素方法计算植物水分利用效率的公式如下：

$$I_{WUE} = \frac{C_a(b - \delta^{13}C_a + \delta^{13}C_p)}{1.6(b-a)I_{VPD}} \quad （4-9）$$

式中，I_{WUE}为植物水分利用效率；I_{VPD}为叶片内外水汽压差，由植物生长过程中取样日期前一段时间内平均白日（10:00—18:00）气象数据计算得出，具体计算如下：

$$I_{VPD} = E - e \quad （4-10）$$

$$E = 0.611 \times 10^{17.502T/(240.97+T)} \quad （4-11）$$

$$I_{RH} = e/E \quad （4-12）$$

式中，E为同温度下的饱和水汽压（kPa）；e为实际水汽压；I_{RH}为空气相对湿度；T为空气温度（℃）（苏培玺等，2005）。

⑤群落性状及水分利用效率。

为获得基于单位土地单位面积的群落性状，同时考虑植物个体差异，采用基于重要值的加权平均法（可反映各物种实际生产空间），其计算过程如下：

$$I_{\mathrm{CIT}i} = \sum_{i=1}^{n} I_i T_i \qquad (4-13)$$

式中，$I_{\mathrm{CIT}i}$ 表示群落 j 基于重要值加权后的群落性状；I_i 表示群落中物种 i 在群落 j 中的重要值；T_i 表示 i 物种的功能性状；n 表示群落中的物种数量。

利用式（4-13），计算群落水平的 WUE（陈世萍，2003）。

4.1.1.2 地下水埋深对胡杨幼林的影响

河水漫溢是维持胡杨幼苗生存最为重要的环境因子。但随着胡杨幼苗逐渐成长形成树林，保证一定的地下水埋深对整个胡杨群落稳定至关重要。但是，不同龄级的胡杨对地下水埋深的响应程度存在差异，因此本小节首先利用塔里木河下游胡杨幼林（胸径 4~10 cm）年轮宽度指数和地下水埋深数据，构建了二者之间的定量关系模型，确定了胡杨年轮宽度指数对地下水埋深响应的敏感区间（图4-2）。

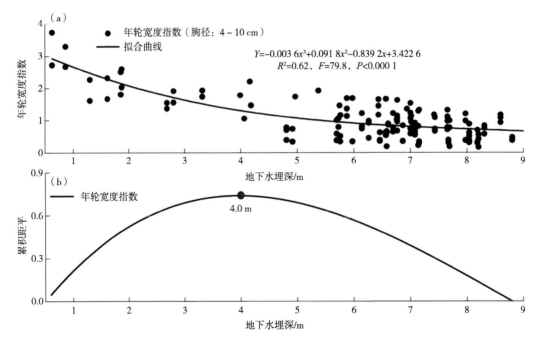

图4-2 胡杨幼林年轮宽度指数与地下水埋深的关系模型（a）及胡杨的适宜水位区间（b）

在图4-2中，塔里木河下游胡杨幼林的年轮宽度指数随地下水埋深的增大而呈减小趋势，且二者负相关关系极为显著（$R^2=0.62$，$P<0.000\,1$），从而表明利用胡杨年轮宽度指数推算其适宜的地下水埋深是可行和可信的。此外，根据 Mann-Kendall 单调趋势检验（表4-1），在 0.6~8.8 m 地下水埋深时，胡杨年轮宽度指数减少量的检验统计量（Z_c）

为−13.32（$|Z_c|>|Z_{0.01}|$=2.58），在0.01检验水平下呈显著下降趋势，从而表明胡杨生长对地下水埋深变化的响应是十分敏感的。因而，借助胡杨年轮宽度指数与地下水埋深之间的定量关系模型，求取了地下水埋深每增加0.1 m胡杨年轮宽度指数的减少量，并对减少量进行累积距平计算（图4-2）。根据表4-1，地下水埋深在0.6~4.0 m时，胡杨年轮宽度指数的减少量高于0.6~8.8 m时的平均值，表明胡杨年轮宽度指数的减少量较大；当地下水埋深在4.1~8.8 m时，胡杨年轮宽度指数的减少量低于0.6~8.8 m的平均值，因而胡杨年轮宽度指数的减少幅度较弱。根据Mann-Whitney突变检验（表4-1），在0.6~4.0 m和4.1~8.8 m两个地下水埋深区间，胡杨年轮宽度指数减少量的平均值由0.049下降至0.013，其突变的检验统计量（Z_c）为−7.75（$|Z_c|>|Z_{0.01}|$=2.58），在0.01检验水平下呈极显著的减小突变。综合以上分析可知，在地下水埋深大于4.0 m时，胡杨幼林径向生长的减少量较小，胡杨年轮宽度指数对地下水埋深的敏感性减弱，表明胡杨生长已受到一定的胁迫，因此4.0 m的地下水埋深可看作胡杨幼林生长的胁迫水位，而适宜的地下水埋深应小于4.0 m。

表4-1　胡杨幼林年轮宽度指数在不同地下水埋深下的单调趋势和突变

指标	检验方法	地下水埋深/m	均值	标准差	Z_c	H_0	趋势
年轮宽度指数的减少量	Mann-Whitney	0.6~4.0	0.049	0.014	−7.75	R	下降
		4.1~8.8	0.013	0.007			
	Mann-Kendall	0.6~8.8	0.028	0.021	−13.32	R	下降

注：R表示拒绝原假设；A表示接受原假设。

4.1.1.3　地下水埋深对胡杨近熟林的影响

胡杨林在其胸径为10~30 cm时处于生长旺盛期，树木萌发着大量的新枝条，属于近熟林。为了更加高效地利用干旱区有限的水资源，合理保护胡杨近熟林，本小节将其胸径分为10~20 cm和20~30 cm两个等级进行研究（图4-3，图4-4，表4-2，表4-3）。

根据图4-3a，塔里木河下游胡杨近熟林（胸径10~20 cm）年轮宽度指数随地下水埋深的增大呈递减趋势，且二者的相关性在0.01检验水平下达到极显著（$P<0.0001$）。经Mann-Kendall单调趋势检验（表4-2），随着地下水埋深的增加，胡杨近熟林（胸径10~20 cm）年轮宽度指数的检验统计量为−14.35（$|Z_c|>|Z_{0.01}|$=2.58），呈显著下降趋势，因此二者具有较好的趋势一致性。根据年轮宽度指数减少量的累积距平可知（图4-3b），在地下水埋深为5.0 m时，年轮宽度指数的减少量出现拐点，表明当地下水埋深大于5.0 m时，胡杨近熟林（胸径10~20 cm）年轮宽度指数随地下水埋深增大而减少的幅度减弱。借助Mann-Whitney突变检验（表4-2），在地下水埋深在0.6~5.0 m和

5.1~10 m两个区间时，年轮宽度指数减少量的平均值由0.031减少至0.013，其检验统计量为−8.39（$|Z_c|>|Z_{0.01}|=2.58$），意味着在0.01检验水平下年轮宽度指数在以上两个地下水埋深区间的减小突变显著。综合以上分析，在地下水埋深大于5.0 m时，胡杨近熟林（胸径10~20 cm）年轮宽度指数对地下水埋深变化的响应减弱，因此5.0 m的地下水埋深可看作胸径为10~20 cm的胡杨近熟林的胁迫水位。

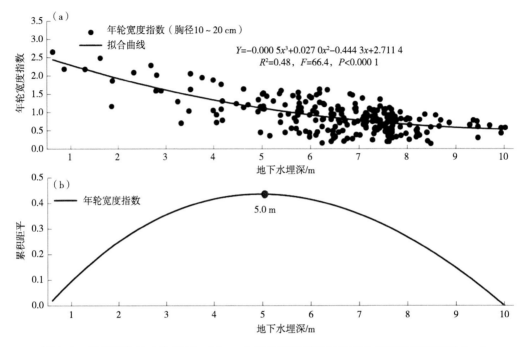

图4-3　胡杨近熟林（胸径10~20 cm）年轮宽度指数与地下水埋深的关系模型（a）
及胡杨的适宜水位区间（b）

表4-2　胡杨近熟林（胸径10~20 cm）年轮宽度指数在不同地下水埋深下的单调趋势和突变检验

指标	检验方法	地下水埋深/m	均值	标准差	Z_c	H_0	趋势
年轮指数的减少量	Mann-Whitney	0.6~5.0	0.031	0.006	−8.39	R	下降
		5.1~10.0	0.013	0.005			
	Mann-Kendall	0.6~10.0	0.021	0.011	−14.35	R	下降

注：R表示拒绝原假设，A表示接受原假设。

利用塔里木河下游胡杨近熟林（胸径20~30 cm）年轮宽度指数和地下水埋深数据，构建了胡杨年轮宽度指数随地下水埋深变化的响应函数，求解出地下水埋深每增加0.1 m时的年轮宽度指数减少量的累积距平（图4-4）。

在图4-4a中，胡杨近熟林（胸径20~30 cm）年轮宽度指数与地下水埋深的相关性在0.01检验水平下达到极显著（$R^2=0.65$，$P<0.0001$），确保了利用胡杨近熟林（胸径

20~30 cm）年轮宽度指数推测其适宜地下水埋深的精度。经Mann-Kendall单调趋势检验（表4-3），随着地下水埋深的增大，胡杨近熟林（胸径20~30 cm）年轮宽度指数的检验统计量为−13.71（$|Z_c|>|Z_{0.01}|=2.58$），呈显著下降趋势，二者的变化表现出较好的趋势一致性。根据图4-4b和表4-3，当地下水埋深为5.4 m时，胡杨年轮宽度指数的减少量出现变小的拐点。在地下水埋深处于1.1~5.4 m和5.5~9.7 m两个区间时，胡杨年轮宽度指数减少量的平均值由0.024减小至0.019，并呈显著性突变（Mann-Whitney检验的统计量 $|Z_c|=8.03>|Z_{0.01}|=2.58$）。因此，胸径为20~30 cm的胡杨近熟林的胁迫水位为5.4 m。

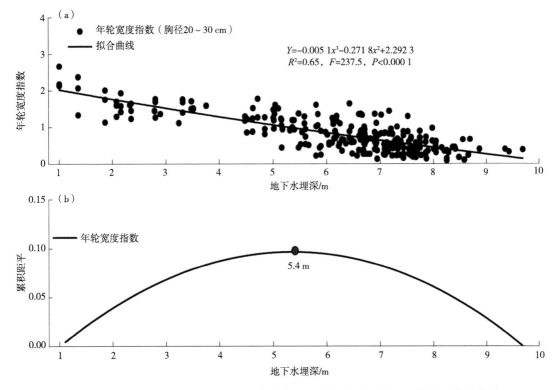

图4-4 胡杨近熟林（胸径20~30 cm）年轮宽度指数与地下水埋深的关系模型（a）及胡杨的适宜水位区间（b）

综合以上分析，胡杨近熟林（胸径10~30 cm）对地下水埋深的敏感区间为5.0~5.4 m，即为胡杨近熟林的地下水胁迫水位区间，因此该龄级胡杨林的适宜水位应小于5.4 m。

表4-3 胡杨近熟林（胸径20~30 cm）年轮宽度指数在不同地下水埋深下的单调趋势和突变检验

指标	检验方法	地下水埋深/m	均值	标准差	Z_c	H_0	趋势
年轮指数的减少量	Mann-Whitney	1.1~5.4	0.024	0.001	−8.03	R	下降
		5.5~9.7	0.019	0.001			
	Mann-Kendall	1.1~9.7	0.022	0.003	−13.71	R	下降

注：R表示拒绝原假设，A表示接受原假设。

4.1.1.4 地下水埋深对胡杨成熟林的影响

塔里木河胡杨成熟林对胡杨种群的更新繁育至关重要，是荒漠河岸林生态系统的主要构成之一，并发挥着举足轻重的生态服务功能。根据塔里木河下游胡杨成熟林（胸径30～40 cm）的年轮宽度指数和地下水埋深数据，研究了不同地下水埋深对胡杨成熟林生长的影响特点（图4-5，表4-4）。

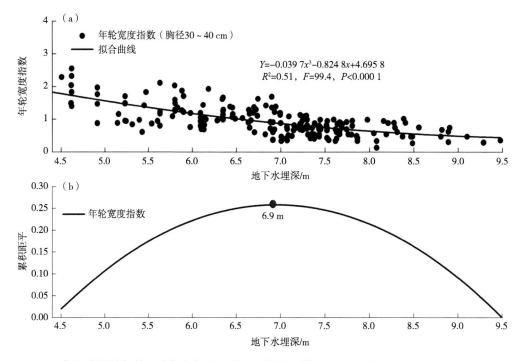

图4-5 胡杨成熟林年轮宽度指数与地下水埋深的关系模型（a）及胡杨的适宜水位区间（b）

根据图4-5a，胡杨成熟林（胸径30～40 cm）年轮宽度指数与地下水埋深存在显著的相关关系（R^2=0.51，P<0.000 1）；同时，经Mann-Kendall单调趋势检验（表4-4），随着地下水埋深的增大，胡杨成熟林（胸径30～40 cm）年轮宽度指数的检验统计量为-10.35（$|Z_c|$>$Z_{0.01}$=2.58），表明胡杨成熟林年轮宽度指数随地下水埋深增加而呈显著的减小趋势。由图4-5b可知，胡杨成熟林年轮宽度指数的减少量在地下水埋深大于6.9 m时相对较小。结合Mann-Whitney突变检验（表4-4），在地下水埋深4.5～6.9 m和7.0～9.5 m两个水位区间时，年轮宽度指数减少量的平均值由0.038减小至0.017，且检验统计量为-6.12（$|Z_c|$>$Z_{0.01}$=2.58），呈显著减小性突变。因此，胡杨成熟林（胸径30～40 cm）的胁迫水位为6.9 m，表明保障该龄级胡杨正常生长的适宜地下水埋深应小于6.9 m。

表4-4 胡杨成熟林年轮宽度指数在不同地下水埋深下的单调趋势和突变

指标	检验方法	地下水埋深/m	均值	标准差	Z_c	H_0	趋势
年轮指数的减少量	Mann-Whitney	4.5 ~ 6.9	0.038	0.006	-6.12	R	下降
		7.0 ~ 9.5	0.017	0.006			
	Mann-Kendall	4.5 ~ 9.5	0.027	0.012	-10.35	R	下降

注：R表示拒绝原假设，A表示接受原假设。

4.1.1.5 地下水埋深对胡杨过熟林的影响

在塔里木河下游，胡杨过熟林（胸径>40 cm）主要分布在距离河道1 km、河道渗漏补给地下水较少、地下水埋深较大的区域。但是，由于胡杨过熟林主要分布在荒漠河岸林的外围，因此它是抵御荒漠风沙侵蚀、保护河道两侧天然植被生态系统结构完整和功能稳定的重要绿色屏障。利用塔里木河下游胡杨过熟林（胸径>40 cm）的年轮宽度指数和地下水埋深数据，分析了地下水埋深与胡杨过熟林生长之间的相关关系（图4-6，表4-5）。

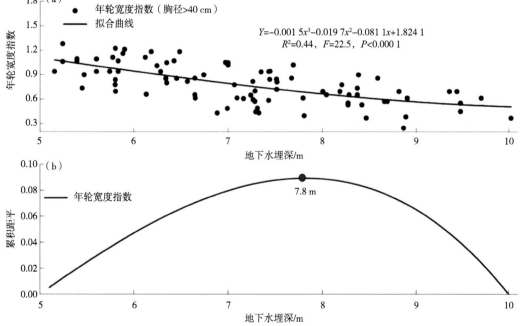

图4-6 胡杨过熟林（胸径>40 cm）年轮宽度指数与地下水埋深的关系模型（a）及胡杨的适宜水位区间（b）

根据图4-6a，胡杨过熟林（胸径>40 cm）年轮宽度指数与地下水埋深呈显著相关（R^2=0.44，P<0.000 1）；结合Mann-Kendall单调趋势检验（表4-5），随着地下水埋深的增大，胡杨过熟林（胸径>40 cm）年轮宽度指数呈显著下降趋势（检验统计量

$|Z_c|$=10.24>$|Z_{0.01}|$=2.58），表明胡杨过熟林年轮宽度指数对地下水埋深变化具有较好的依赖性。由图4-6b可知，胡杨过熟林年轮宽度指数的减少量在地下水埋深大于7.8 m时相对较小。结合Mann-Whitney突变检验（表4-5），在地下水埋深5.1～7.8 m和7.9～10 m两个水位区间时，胡杨过熟林年轮宽度指数减少量的平均值由0.015减小至0.007，且检验统计量为-6.02（$|Z_c|$>$|Z_{0.01}|$=2.58），呈显著减小性突变。因此，胡杨过熟林（胸径>40 cm）的胁迫水位为7.8 m。

表4-5 胡杨过熟林年轮宽度指数在不同地下水埋深下的单调趋势和突变

指标	检验方法	地下水埋深/m	均值	标准差	Z_c	H_0	趋势
年轮指数的减少量	Mann-Whitney	5.1～7.8	0.015	0.002	-6.02	R	下降
		7.9～10.0	0.007	0.003			
	Mann-Kendall	5.1～10.0	0.011	0.004	-10.24	R	下降

注：R表示拒绝原假设，A表示接受原假设。

4.1.1.6 荒漠河岸林水分利用效率（WUE）变化特征

（1）不同林龄胡杨WUE随地下水埋深的变化特征

基于胡杨叶片δ^{13}C比率的测定结果，结合水汽压、空气相对湿度及气温等气象数据，借助WUE计算公式，计算得到不同林龄的WUE。将林龄及地下水埋深视为影响因子，进行双因素方差分析，结果显示，两因素之间存在显著的交互作用（Sig=0.182>0.05），因此利用LSD检验分别对不同胡杨林龄和地下水埋深条件下的胡杨WUE进行单因素方差分析（图4-7）。

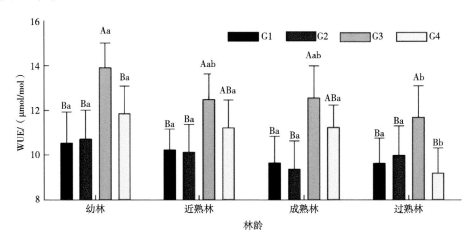

图4-7 不同地下水埋深下不同林龄胡杨水分利用效率（WUE）

注：大写字母不同表示同一林龄胡杨在不同地下水埋深下水分利用效率差异显著，而小写字母不同表示同一地下水埋深下不同林龄胡杨水分利用效率差异显著，显著水平为0.05；G1、G2、G3和G4分别指地下水埋深2.45 m、3.63 m、4.75 m和5.55 m。

　　根据图4-7可知，地下水埋深从G1变化到G3，所有林龄胡杨水分利用效率均呈现增加趋势，而在G3埋深下不同林龄胡杨水分利用效率达到最大值，且均显著高于其他埋深（$P>0.05$），其中胡杨幼林、近熟林、成熟林和过熟林的WUE分别为（13.91 ± 1.09）µmol/mol、（12.48 ± 1.15）µmol/mol、（12.55 ± 1.44）µmol/mol及（11.69 ± 1.41）µmol/mol。而地下水埋深从G3变化到G4，所有林龄胡杨WUE均出现减少，其中G4埋深下胡杨幼林及过熟林的WUE显著小于G3埋深下（$P>0.05$）。在同一地下水埋深下，随着胡杨林龄的增加，其WUE逐步减小，其中在G3埋深下，不同林龄胡杨WUE差异最为显著（$P>0.05$），而在G4埋深下过熟林WUE显著小于其他林龄胡杨WUE。

　　（2）灌木、半灌木及多年生草本WUE变化特征

　　根据图4-8可知，在不同地下水埋深下，柽柳WUE大小顺序为：G3〔（15.06 ± 0.58）µmol/mol〕>G1〔（14.69 ± 0.35）µmol/mol〕>G4〔（15.06 ± 0.58）µmol/mol〕>G2〔（15.06 ± 0.58）µmol/mol〕，但其差异并不显著（$P>0.05$）。罗布麻WUE整体小于柽柳，在不同地下水埋深下WUE均值大小顺序与柽柳一致，且不同地下水埋深下WUE均值不存在显著差异（$P>0.05$）。胀果甘草在不同地下水埋深下WUE均值顺序虽与柽柳和

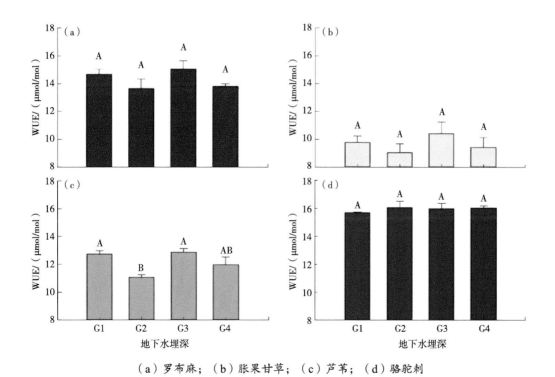

（a）罗布麻；（b）胀果甘草；（c）芦苇；（d）骆驼刺

图4-8　不同地下水埋深下灌木、半灌木及多年生草本水分利用效率（WUE）

　　注：不同大写字母不同表示在不同地下水埋深下水分利用效率差异显著，显著水平为0.05；G1、G2、G3和G4分别指地下水埋深2.45 m、3.63 m、4.75 m和5.55 m。

罗布麻相同，均为：G3〔（12.86±0.27）μmol/mol〕>G1〔（12.73±0.25）μmol/mol〕>G4〔（11.97±0.56）μmol/mol〕>G2〔（11.06±0.19）μmol/mol〕，但在G3和G1埋深下WUE均值显著高于在G2和G4埋深下（$P>0.05$）。芦苇在不同地下水埋深下WUE均值较为接近，LSD结果显示其不存在显著差异。骆驼刺仅在G4埋深下出现，其均值为（11.56±0.22）μmol/mol。对比不同地下水埋深下各物种WUE均值，均呈现芦苇（多年生草本）>柽柳（灌木）>胀果甘草（多年生草本）>罗布麻（半灌木）的特点〔G4埋深下表现为芦苇（多年生草本）>柽柳（灌木）>胀果甘草（多年生草本）>骆驼刺（半灌木）>罗布麻（半灌木）〕。综上，在不同地下水埋深下荒漠河岸林群落中灌木、半灌木及多年生草本WUE并未表现出显著差异，表明其整体在变化水分条件下生长过程较为稳定。

（3）群落水平植物WUE

基于塔里木河荒漠河岸林各物种功能性状测定数据，采用基于物种重要值加权的方式计算得到群落尺度的功能性状及WUE（图4-9）。相较于简单的算术平均法或基于多度的加权方式，基于重要值的加权考虑了不同物种之间数量和个体大小的差异，更能反映真实的群落性状特征。加权得到的群落WUE是评价群落生长适应程度的一个指标，反映了群落水量消耗与生物量累积的关系。当地下水埋深为G3时，胡杨重要值和其WUE的显著增加使得群落WUE显著增加，表明受水分胁迫的影响荒漠河岸林群落采取了更加积极的水分利用方式。此外，已有研究表明，荒漠河岸林群落在对水分适应过程中存在中度干扰效应，本研究结果也表明荒漠河岸林群落WUE存在明显的中度干扰效应，即中度干旱胁迫提升了荒漠河岸林对水资源的利用率。

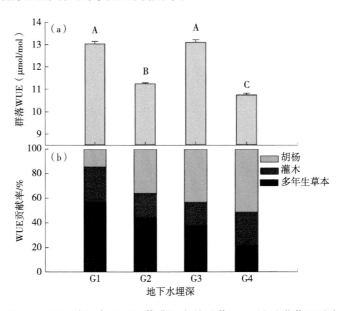

图4-9 不同地下水埋深下荒漠河岸林群落WUE及乔灌草贡献率

注：柱上不同大写字母表示不同地下水埋深间差异显著（$P<0.05$）。

4.1.1.7 有林地和疏林地的适生水位

为避免地下水埋深过浅造成过多无效的潜水蒸发和胡杨遭受明显的干旱胁迫，同时使群落WUE达到良好状态，根据荒漠河岸林带和荒漠—绿洲过渡林带的林分结构特征和空间区位特点，推荐以胡杨和柽柳为主的有林地（多为成熟胡杨）适生水位为4～6 m，而疏林地（多为过熟胡杨）适生水位为5～7 m，胁迫地下水埋深为7～8 m（表4-6）。

表4-6 不同植被类型区适生水位和最低水位

植被类型区	适生水位/m	最低（或胁迫）水位/m	提出依据
有林地（以成熟胡杨为主）	4～6	7	胡杨树轮生长、水分来源及水分利用效率
疏林地（以过熟胡杨为主）	5～7	8	胡杨树轮生长、水分来源及水分利用效率

4.1.2 灌木林地和草地适生水位

4.1.2.1 数据来源及研究方法

（1）野外监测、样品采集及处理

为使植被调查与地下水埋深数据相一致，选取塔里木河下游英苏/老英苏（F）、喀尔达依（G）、阿拉干（H）和依干不及麻（I）地下水监测断面作为研究区（图4-10），以相应的地下水监测井作为采样点，其中英苏/老英苏断面有11口地下水监测井（编号F1～F11，其中F1和F11分别为离其文阔尔河和老塔里木河河道最近的地下水监测井），其他断面均有6口地下水监测井（喀尔达依、阿拉干及依干不及麻断面随着离河距离的增加地下水监测井编号分别为G1～G6、H1～H6及I1～I6，其中喀尔达依G1及阿拉干H1号井周边因道路修建植被有明显的人为破坏，未被选为样点），共计27个样点。每个采样点均进行了地下水调查、土壤样品采集、物种多样性调查及植物功能性状调查和采样等工作。调查采样时间为2021年8月初。

（2）地下水调查和土壤样品采集

地下水监测井均配备了自动监测传输设备，在调查时记录了实时显示的地下水埋深，同时利用测绳对部分地下水井埋深数据进行了校验。在每个地下水监测井（样点）平行于河道方向，设置一个200 m×200 m的取样范围。在此取样范围内，随机选取3个采样点，利用土钻取出距离地表约150 cm内所有土层土壤并充分混合，将所获得的混合土壤样品，去除动物残体和树根等杂质，在65℃下烘干。共采集土壤样品81个。

（3）物种多样性调查

物种多样性具体调查过程如下：在每个样点设定的取样范围内，设定10个10 m×10 m的样方，为避免重复和保证随机性，样方间距设定为10 m；分别记录样方中所有物种的名称及其相应的个体数量，测量其高度和冠幅，同时测量乔木（胡杨）的胸径和基径。调查样方总数为270个。

（4）生物量取样

于2014年8月，沿垂直河道方向（平行于观测井走向）布设植物调查样带，带长2 000 m，由大小为100 m×100 m的20个连续样地组成，将样地分割成4个50 m×50 m样方，在每个样方内进行植被调查，主要内容如下。

乔木：查数胡杨总株数（N），用皮尺和测高仪分别测量每棵胡杨的胸径（d）、冠幅（C_w）及株高（H）；采取"十字交叉法"，用生长锥获取胸径处的树木年轮样芯，带回实验室风干后获取每株胡杨的年龄以及径向生长量。

灌木：用卷尺测量每丛柽柳灌木的冠幅（C_w）、株高（H），记录每丛柽柳灌木的总枝数（N）；当样方内出现其他灌木，如黑刺、盐穗木等时，采用标准枝法，每株灌丛选取1~3个标准枝，用钢锯锯断称量鲜重，用单枝鲜重乘以总枝数获得地上部生物量。

草本：在样方对角线两侧分别随机布设6~8个1 m×1 m的小样方，记录小样方内的物种数（N）、冠幅（C_w）株高（H），然后齐地面将地上部分刈割，称鲜重$M_{鲜}$。

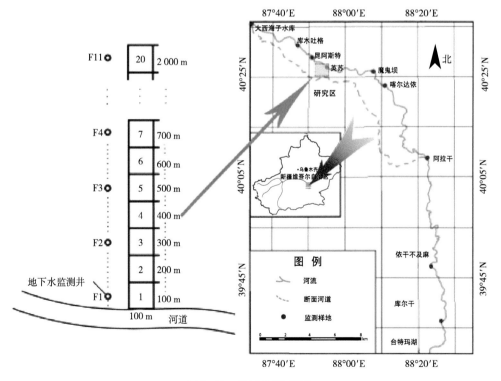

图4-10　研究区示意图

（5）实验室测定

对于所获得的土壤样品，测定盐分、pH值、电导率。土壤样品和植物样品测定均由中国科学院新疆生态与地理研究所公共技术服务中心协助完成。

4.1.2.2　不同物种的适应生境范围

此次调查共发现11种植物，包括胡杨（*Populus euphratica*）、多枝怪柳（*Tamarix ramosissima*）、黑果枸杞（*Lycium ruthenicum*）、铃铛刺（*Halimodendron halodendron*）、盐穗木（*Halostachys caspica*）、罗布麻（*Apocynum venetum*）、骆驼刺（*Alhagi sparsifolia*）、花花柴（*Karelinia caspia*）、芦苇（*Phragmites australis*）、胀果甘草（*Glycyrrhiza inflat*）及河西菊（*Launaea polydichotoma*）。除胡杨外，以灌木（怪柳、黑果枸杞、铃铛刺和盐穗木）、半灌木（罗布麻和骆驼刺）及多年生草本（花花柴、芦苇、胀果甘草和鹿角草）居多，未发现一年生草本（调查时间内仍未进行生态输水，一年生草本缺少必要的水分条件未生长）。根据图4-11，所调查物种在地下水埋深和盐分含量生境变幅上存在较大差异，其中怪柳在27个样点中出现的频次最高（共26次），其次为胡杨（15次），而盐穗木、罗布麻和胀果甘草出现的频次的相对较少（均不超过2次）。怪柳及胡杨所适应的地下水埋深和土壤盐分含量生境范围均最大，相较于土壤盐分含量，其他物种对地下水埋深的适应生境范围相对较小。例如，芦苇与花花柴适应的地下水埋深均值分别为（-3.46±0.49）m和（-4.69±0.3）m，全距仅分别为1.67 m和1.39 m；其适应的土壤盐分含量分别为（13.29±6.02）g/kg和（13.73±5.44）g/kg，但全距分别达到了20.49 g/kg和24.4 g/kg（表4-7）。

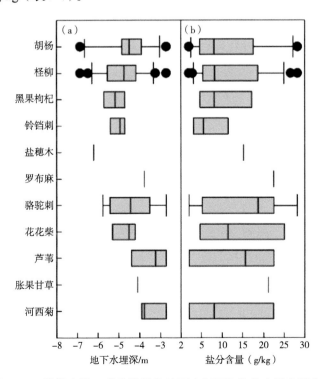

图4-11　样带上的11种荒漠植物地下水埋深和盐分含量生境范围

表4-7　试验区物种地下水埋深及土壤盐分含量生境范围

物种	n	地下水埋深/m		土壤盐分含量/（g/kg）	
		全距	均值±标准误	全距	均值±标准误
胡杨	15	4.15	−4.55±0.28	26.24	11.70±2.24
柽柳	26	4.15	−4.76±0.21	26.24	11.94±1.67
黑果枸杞	8	2.22	−5.12±0.25	19.58	10.51±2.47
铃铛刺	4	0.91	−5.01±0.19	10.09	6.71±2.28
盐穗木	2	1.33	−6.22±0.67	22.74	15.23±11.37
罗布麻	1	0.00	−3.77	0.00	22.44
骆驼刺	9	3.04	−4.40±0.35	26.24	14.60±3.23
花花柴	4	1.39	−4.69±0.30	24.4	13.73±5.44
芦苇	3	1.67	−3.46±0.49	20.49	13.39±6.02
胀果甘草	2	0.66	−4.10±0.33	2.52	21.18±1.26
河西菊	3	1.17	−3.47±0.37	20.42	10.83±6.06

4.1.2.3　草本地上部生物量与地下水埋深关系

以英苏断面为例，荒漠植被地上部生物量随离开河道距离变化明显。样带植被地上部生物量随垂直河道距离的变化实质上是对地下水埋深变化的一种响应，为了分析样带植被地上部生物量与地下水埋深之间的关系，将样带内优势种地上部生物量分别与地下水埋深进行回归分析，结果如图4-12所示。草本地上部生物量随地下水埋深呈先增加后减少趋势，由7 g/m² 增加到10 g/m²，当地下水埋深>4.5 m后呈减少趋势；多年生草本花花柴和骆驼刺地上部生物量亦随地下水埋深增大呈先增加后减少趋势，最大值出现在地下水埋深4.5 m和5.5 m处。

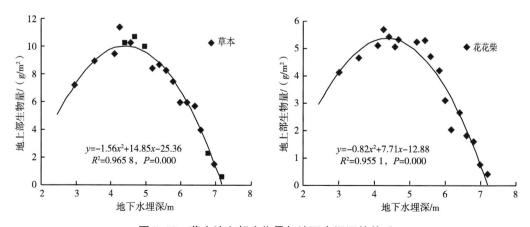

图4-12　草本地上部生物量与地下水埋深的关系

4.1.2.4 灌木林地、草本和湿地适生水位

灌木多分布在地下水埋深3~6 m的区间范围内，而当地下水埋深超过7 m，除柽柳外其他灌木物种基本消失。为避免地下水埋深过浅造成过多无效的潜水蒸发，推荐灌木林地适生水位为4~6 m，最低水深为7 m。根据草本地上部生物量对地下水埋深的响应规律，在地下水埋深大于5 m条件下，草本地上部生物量急剧下降。综上，推荐以芦苇、花花柴等为主的草地适生水位为2~4 m，最低水位为5 m。为维持湿地功能和形态的基本需求，推荐湿地适生水位为0~2 m，最低水位为2 m（表4-8）。

表4-8 塔里木河流域灌木林地和草地适生水位

植被类型区	适生水位/m	最低（或胁迫）水位/m	提出依据
灌木林地（以柽柳、黑果枸杞、铃铛刺等为主）	4~6	7	分布生境范围
草地（以草甸芦苇、花花柴等多年生草本为主）	2~4	5	水分来源、生物量
湿地	0~2	2	维持湿地功能和形态的基本需求

4.2 现状下塔里木河流域绿洲配比评估

绿洲是干旱区特有景观，也是干旱区精华所在。由于地貌类型、土壤类型、水文过程、风沙状况及人类活动等条件的不同，绿洲分布模式存在一定的差异。本节基于绿洲水文、地貌等特点，对塔里木河流域绿洲主要分布模式进行划分，依据关键生态要素（植被覆盖度）现状稳定性评估结果，对某一绿洲，依据地图上的大地貌特征，结合遥感解译出的各流域山区、戈壁及沙地所占的比例，大体上可以判断出各流域占地主要是位于山区、山前冲洪积扇、还是沙漠中，虽然不能对绿洲大地貌进行量化，但可以通过遥感解译结果对其进行甄别。运用ArcGIS软件，对各流域土地利用类型的面积进行提取，对比各流域之间人工绿洲及天然绿洲的占比。

4.2.1 塔里木河流域绿洲模式划分

由于水是干旱区绿洲消、长的关键，因此分析各绿洲的异同点可以采用对比新、老水文网的方法。同时，流域长度往往是水域长度的一个重要体现。流域长度可以从ArcGIS矢量图中获得，是河源到河口的直线。由于有些流域面积大，其流域长度必然相对较长，因此可用流域长度与面积的比值来反映流域的相对长度。流域相对长度越长，说明该流域可能经过了一个比较完整的山区—山前戈壁—平原绿洲—沙漠腹地的过程，它呈相对孤立的一块区域，水文过程没有被其他流域所阻挡；相反，流域相对长度越

短，说明该流域被其他流域所阻挡，径流有可能汇入其他流域。依据以上两方面的内容可初步将绿洲模式划分为3种，分别为标准条件下的沙漠中心绿洲模式、山前冲洪积平原模式和干流模式（图4-13）。

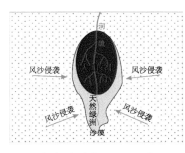 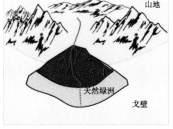 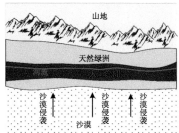

（a）沙漠中心绿洲模式　　　　（b）山前冲洪积平原模式　　　　（c）干流模式

图4-13　绿洲模式

绿洲按其形成方式分为天然绿洲和人工绿洲，天然绿洲包括平原区域的天然河岸林、天然灌木林以及低地盐化草甸3类景观，人工绿洲包括区域内人工经营的一切土地类型，主要为耕地、园地、人工林地、人工草地、居民工矿用地、交通用地以及渠道等。干旱区绿洲一般以灌溉农业系统为核心，周围被天然林草所包围。平原区是径流的主要消耗区和绿洲形成的地区，平原绿洲是绿洲适宜规模研究的主要范围，所以在绿洲提取的过程中，参考地形数据，不提取流域内山区的数据。对各流域内的土地利用要素进行提取，其中把耕地、人工林地、建设用地、水库、人工渠系提取为人工绿洲；把人工绿洲周边的草地、天然林、湖泊、沼泽、滩涂湿地提取为天然绿洲。

（1）沙漠中心绿洲模式

干旱区内陆河多发源于山区，流入沙漠，最终消失或汇集于洼地形成尾闾湖。天然绿洲多分布于河流两岸和尾闾湖泊周边，河流中游地区水流平缓，有利于进行引水灌溉，因此老人工绿洲常位于河流中游地区。随着灌溉耕作技术的改进，天然河道被人工渠系取代，人工绿洲沿河道向上游和下游扩张，呈现沿河道分布的特点。该模式下的绿洲深入沙漠，流域沙地范围内所占比例较大，河流径流量和风沙条件共同影响绿洲的发展。流域中游主要是以灌溉农业为主导的人工绿洲，剩余的水流向荒漠区，形成天然绿洲，中游用水过量会导致下游的天然绿洲衰败甚至趋于灭亡。塔里木河流域"九源一干"中的和田河流域、克里雅河流域、车尔臣河流域均属于这一模式。

（2）山前冲洪积平原模式

该模式分布于河流山前冲洪积平原，因受到地形条件限制和河流冲积作用，该模式下的绿洲多呈现扇形分布。人工绿洲多在河流出山口以下呈扇形分布，天然绿洲分布于绿洲外围，绿洲外围的山前荒漠，多为戈壁砾石。该模式下，绿洲较少受到风沙的侵袭，绿洲的面积主要受地形地貌和水文条件的影响，水资源量是其发展的主要限制因子。在塔里木河流域"九源一干"中，喀什噶尔河流域、渭干—库车河流域、迪那河流域、开都—孔雀河流域及阿克苏河流域均属于这一模式。

（3）干流模式

在干旱区，内陆河流域部分地区位于沙漠边缘，河流一侧为山区或山前戈壁，另一侧为沙漠，绿洲沿河道分布，其中人工绿洲多位于河道两岸，绿洲的总体分布呈现沿河道带状分布的特点。该模式下，绿洲的一侧受到风沙的制约，人工绿洲由河道两岸向山前和荒漠区扩张，其绿洲的扩张受到水资源总量和风沙侵袭的双重影响。塔里木河干流为典型的干流模式。

4.2.2　不同绿洲模式适宜配比及合理性评估

4.2.2.1　不同绿洲模式适宜配比

根据中国科学院新疆生态与地理研究所承担的国家自然科学基金项目"塔里木河绿洲适宜配比及水量调控""干旱区典型流域绿洲适宜规模研究"的成果，在完全保障（100%供水保证率）和基本保障（75%供水保证率）生态需水的背景下，塔里木河流域天然绿洲与人工绿洲的适宜配比为（5∶5）~（6∶4）。根据科学技术部项目"新疆内陆河中下游水生态安全"和已有研究成果，以渭干—库车河流域为代表的山前冲洪积平原模式，其人工绿洲与天然绿洲的适宜配比应为（4∶6）~（5∶5）。以克里雅河流域为代表的沙漠中心绿洲模式，因绿洲四周受风沙侵蚀较大，因此，区域内人工绿洲不应过大，人工绿洲与天然绿洲的适宜配比应为（3∶7）~（4∶6）。而以塔里木河干流为代表的干流模式，绿洲分布在河流两岸，绿洲扩张受到水资源总量和风沙侵袭的双重影响，因此，人工绿洲与天然绿洲的适宜配比应严格控制，不超过4∶6。

4.2.2.2　现状下塔里木河流域"九源一干"绿洲配比合理性评估

参照前文人工绿洲和天然绿洲划分方法，以1990—2020年塔里木河流域土地利用/覆被解译数据为基础，参照"九源一干"绿洲模式划分和推荐的人工绿洲与天然绿洲的适宜配比，评估塔里木河流域"九源一干"现状下人工绿洲与天然绿洲配比的合理性（表4-9）。根据表4-9，1990—2020年，塔里木河流域"九源一干"均呈现：人工绿洲面积不断增加，而天然绿洲面积不断减小，人工绿洲与天然绿洲的配比均趋于或超过适宜配比的临界值。为保障绿洲生态安全，需稳固天然绿洲的规模和质量，尤其是要保障天然植被的面积和质量。流域天然植被除山前平原区外，均与河流来水有着明显的直接关系，其中河岸带植被生长主要依靠河流自然补给和人为补给直接供水，而灌区外围荒漠—绿洲过渡带主要依靠灌区引水外溢水量间接进行补充。河岸带及荒漠—绿洲过渡带区天然植被作为天然绿洲的核心区域，在当前人工绿洲与天然绿洲配比趋于或超过适宜配比的临界值的现状下，应进行重点保护及恢复。

表4-9 塔里木河流域"九源一干"人工绿洲与天然绿洲的面积配比

"四源一干"	人工绿洲/km²	天然绿洲/km²	人工/天然	"五源"	人工绿洲/km²	天然绿洲/km²	人工/天然
塔里木河干流	5 194.8	12 718.3	2.9/7.1	喀什噶尔河	7 056.6	4 687.3	6.0/4.0
阿克苏河	8 384.3	7 142.2	5.4/4.6	车尔臣河	438.0	1 211.5	2.6/7.4
和田河	3 065.1	5 001.0	3.8/6.2	克里雅河	912.0	1 315.2	4.1/5.9
叶尔羌河	7 803.4	7 497.4	5.1/4.9	渭干—库车河	5 285.6	3 568.7	6.0/4.0
开都—孔雀河	3 698.6	3 553.6	5.1/4.9	迪那河	491.9	354.3	5.8/4.2

4.3 生态保护及修复范围的划定

4.3.1 划定方法

依据关键生态要素（植被覆盖度）现状稳定性评估结果，结合现状下植被覆盖度特征，将流域天然植被分布区（不包含植被覆盖度小于3%的荒漠草地）划分为重点保护区、敏感保护区、重点修复区和一般修复区（表4-10）。其中，保护区是指生态要素（NDVI）处于稳定状态，修复区是指生态要素（NDVI）处于非稳定状态（增长或下降）。有林地及高覆盖度草地等重要植被分布区划定的重要依据均是以30%植被覆盖度为依据，因此，在划定生态保护区和修复区的基础上，参照植被覆盖度，进一步划定重点保护区和重点修复区，其植被生长茂密，多为以胡杨为建群种的荒漠河岸林，主要分布于近河道两侧，生态地位突出，是天然植被生态系统的主体。相应的，敏感保护区和一般修复区植被覆盖度小于30%，其植被稀疏，多以疏林地、灌木林地和草地为主，主要分布在农田边缘和沙漠边缘。

表4-10 塔里木河流域生态保护及修复范围划定

分区		变化模式	变化趋势	未来趋势	覆盖度
保护区	重点保护区	无趋势	△	△	VC≥0.3
		对数型	$b<0$	高度稳定	VC≥0.3
		Logistic型	$b<0$	高度稳定	VC≥0.3
	敏感保护区	无趋势	△	△	VC≤0.3
		对数型	$b<0$	高度稳定	VC≤0.3
		Logistic型	$b<0$	高度稳定	VC≤0.3

（续表）

分区			变化模式	变化趋势	未来趋势	覆盖度
修复区	重点修复区	重点修复区1	对数型	$b>0$	低度稳定	VC≥0.3
			Logistic型	$b>0$	低度稳定	VC≥0.3
		重点修复区2	线性	$b<0$	减少趋势	VC≥0.3
			指数型	$b<0$	减少趋势	VC≥0.3
		重点修复区3	线型	$b>0$	增长趋势	VC≥0.3
			指数型	$b>0$	增加趋势	VC≥0.3
	一般修复区		对数型	$b>0$	低度稳定	0.03≤VC≤0.3
			Logistic型	$b>0$	低度稳定	0.03≤VC≤0.3
			线性	$b<0$	减少趋势	0.03≤VC≤0.3
			线性	$b>0$	增长趋势	0.03≤VC≤0.3
			指数型	$b>0$	减少趋势	0.03≤VC≤0.3
			指数型	$b<0$	增加趋势	0.03≤VC≤0.3

注：△表示无；VC为覆盖率。

4.3.2 塔里木河"九源一干"生态保护及修复分区范围

4.3.2.1 塔里木河干流

基于塔里木河干流现状下植被覆盖度及其渐变模式的判定结果，划定塔里木河干流生态保护及修复的范围（图4-14），以阿拉尔、英巴扎、恰拉为界，将塔里木河划分为上游（阿拉尔—英巴扎）、中游（英巴扎—恰拉）和下游（恰拉—台特玛湖）3个河段。借助ArcGIS10.6的空间统计功能，计算出不同河段生态保护区及修复区面积（表4-11）。根据统计结果，塔里木河干流生态保护区及修复区总面积为12 066.08 km²，保护区和修复区面积分别为2 229.07 km²、9 837.01 km²，分别占总面积的18.47%、81.53%。其中，修复区中又以一般修复区为主，约占塔里木河干流总面积的62.68%（图4-15）。由干流上游至下游，下游修复区面积占比最高，为82.30%；上游次之，为81.67%，中游占比最低，为79.29%。其中，各河段又均以一般修复区占比最高，分别为73.80%、54.99%、62.68%；重点修复区面积占比分别为5.49%、26.68%、19.62%，呈先增加后减少的趋势；重点保护区面积占比也呈先增加后减少的趋势，面积占比分别为0.94%、2.98%、1.93%，敏感保护区面积占比分别为19.77%、15.35%、15.77%。

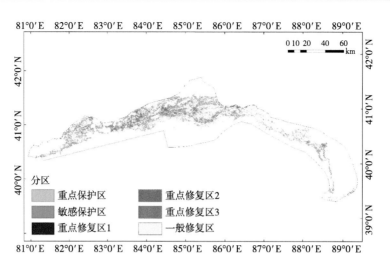

图4-14 塔里木河干流生态保护区及修复区空间分布

表4-11 塔里木河干流生态保护区及修复区面积　　　　　　　　　　　　　单位：km²

河段	重点保护区	敏感保护区	重点修复区	一般修复区	合计
阿拉尔—英巴扎	19.96	421.32	116.94	1 572.54	2 130.76
英巴扎—恰拉	138.03	709.82	1 234.02	2 543.49	4 625.36
恰拉—台特玛湖	102.55	837.38	1 041.79	3 328.23	5 309.96
合计	260.54	1 968.53	2 392.75	7 444.26	12 066.08

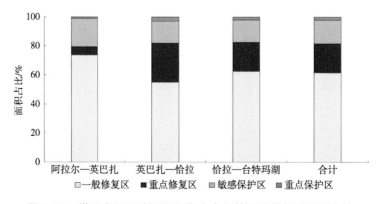

图4-15 塔里木河干流不同河段生态保护区及修复区面积占比

4.3.2.2　阿克苏河流域

基于阿克苏河流域现状下植被覆盖度及其渐变模式的判定结果，划定阿克苏河的生态保护及范围（图4-16），以西大桥为界，将阿克苏河划分为两河（协合拉河与沙里桂兰克河）至西大桥和西大桥至拦河闸两个河段。借助ArcGIS10.6的空间统计功能，计算出不同河段生态保护区及修复区面积（表4-12）。根据统计结果，阿克苏河流域生态保护区及修复区总面积为1 094.22 km²，保护区和修复区面积分别为426.69 km²、667.54 km²，分别占总面积的38.99%、61.01%。其中，修复区中又以一般修复区为主，约占阿克苏河流域总面积的35.13%（图4-17）。两河至西大桥河段生态保护区及修复区面积占比分别为28.88%和71.12%，西大桥至拦河闸河段面积占比分别为40.97%和59.03%。

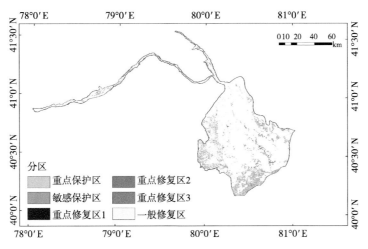

图4-16　阿克苏河生态保护区及修复区空间分布

表4-12　阿克苏河生态保护区及修复区面积

单位：km²

河段	重点保护区	敏感保护区	重点修复区	一般修复区	合计
两河—西大桥	19.10	32.47	38.26	88.76	178.60
西大桥—拦河闸	176.13	198.99	244.87	295.64	915.63
合计	195.23	231.46	283.13	384.40	1 094.22

注：两河指协合拉河与沙里桂兰克河。

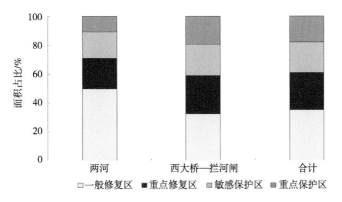

图4-17　阿克苏河不同河段生态保护区及修复区面积占比

注：两河指协合拉河与沙里桂兰克河。

4.3.2.3 和田河流域

根据和田河流域的生态保护及范围结果（图4-18），以阔什拉什为界，将和田河划分为玉龙喀什河与喀拉喀什河渠首至阔什拉什和阔什拉什至肖塔2个河段。借助ArcGIS10.6的空间统计功能，计算出不同河段生态保护区及修复区面积（表4-13）。根据统计结果，和田河流域生态保护区及修复区总面积为3 180.93 km²，保护区和修复区面积分别为1 082.10 km²、2 098.83 km²，分别占总面积的34.02%、65.98%，重点保护区和重点修复区面积占比均较少，分别为4.30%和7.49%（图4-19）。玉龙喀什河与喀拉喀什河渠首至阔什拉什河段生态保护区及修复区面积占比分别为33.37%和66.63%，重点保护区面积占

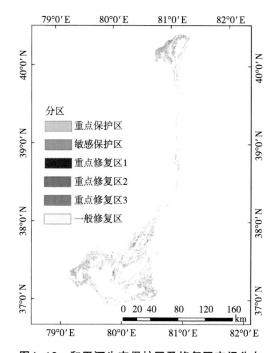

图4-18 和田河生态保护区及修复区空间分布

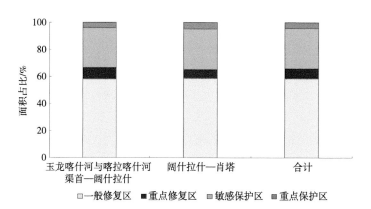

图4-19 和田河不同河段生态保护及修复面积占比

比较少，仅为3.89%，重点修复区面积占比也较小，仅为8.41%。阔什拉什至肖塔里木河段生态保护区及修复区面积占比分别为34.64%、65.36%，其中重点保护区和敏感保护区的面积占比分别为4.69%和29.95%，而重点修复区和一般修复区面积占比分别为6.61%和58.75%。

表4-13　和田河生态保护区及修复区面积 单位：km²

河段	重点保护区	敏感保护区	重点修复区	一般修复区	合计
玉龙喀什河与喀拉喀什河渠首—阔什拉什	60.91	461.03	131.53	910.48	
阔什拉什—肖塔	75.83	484.32	106.85	949.97	
合计	136.74	945.36	238.38	1 860.45	3 180.93

4.3.2.4　叶尔羌河流域

根据叶尔羌河流域的生态保护及范围结果（图4-20），以艾力克他木为界，将叶尔羌河划分为喀群—艾力克他木和艾力克他木—黑尼亚孜2个河段。借助ArcGIS10.6的空间统计功能，计算出不同河段生态保护区及修复区面积（表4-14）。根据统计结果，叶尔羌河流域生态保护区及修复区总面积为7 617.65 km²，保护区和修复区面积分别为2 566.08 km²和5 051.57 km²，分别占总面积的33.69%和65.38%，重点保护区和重点修复区面积占比均较少，分别为11.42%和16.80%（图4-21）。喀群—艾力克他木河段生态保护区及修复区面积占比分别为33.88%和66.12%。艾力克他木—黑尼亚孜河段生态保护区和修复区面积占比分别为33.50%和66.50%，其中重点保护区和敏感保护区的面积占比分别为8.04%和25.47%，而重点修复区和一般修复区面积占比分别为9.60%和56.90%。

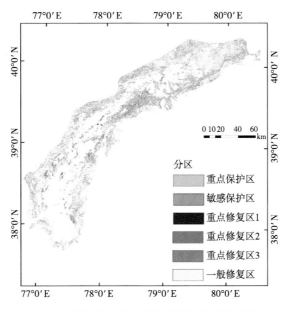

图4-20　叶尔羌河生态保护区及修复区空间分布

表4-14 叶尔羌河干流生态保护区及修复区面积 单位：km²

河段	重点保护区	敏感保护区	重点修复区	一般修复区	合计
喀群—艾力克他木	550.49	682.83	898.40	1 508.09	3 639.81
艾力克他木—黑尼亚孜	319.79	1 012.97	381.72	2 263.36	3 977.84
合计	870.28	1 695.80	1 280.12	3 771.45	7 617.65

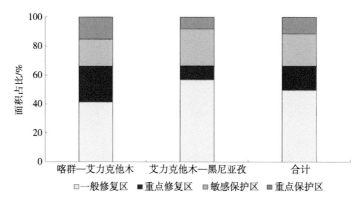

图4-21 叶尔羌河不同河段生态保护区及修复区面积占比

4.3.2.5 开都—孔雀河流域

根据开都—孔雀河流域的生态保护及范围结果（图4-22），将开都—孔雀河划分为开都河及博斯腾湖、塔什店—阿克苏甫和阿克苏甫以下3个河段。借助ArcGIS10.6的空间统计功能，计算出不同河段生态保护区及修复区面积（表4-15）。根据统计结果，开都—孔雀河流域生态保护区及修复区总面积为1 784.54 km²，保护区和修复区面积分别为

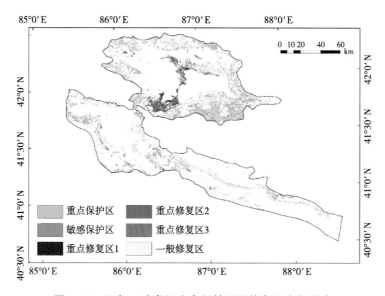

图4-22 开都—孔雀河生态保护区及修复区空间分布

349.81 km²、1 434.73 km²，分别占总面积的19.60%、80.40%，重点保护区和重点修复区面积占比均较少，分别为5.39%和13.84%（图4-23）。开都河及博斯腾湖河段生态保护和修复区面积占比分别为21.14%和78.86%。塔什店—阿克苏甫河段生态保护区和修复区面积占比分别为29.29%和70.71%，其中，重点保护区和敏感保护区的面积占比分别为12.43%、16.86%，而重点修复区和一般修复区面积占比分别为28.06%、42.64%。阿克苏甫以下河段生态保护区和修复区面积占比分别为15.54%和84.46%。

表4-15　开都—孔雀河生态保护区及修复区面积　　　　单位：km²

河段	重点保护区	敏感保护区	重点修复区	一般修复区	合计
开都河及博斯腾湖	48.22	47.52	129.06	228.10	452.90
塔什店—阿克苏甫	42.61	57.78	96.17	146.12	342.68
阿克苏甫以下	5.29	148.39	21.71	813.56	988.96
合计	96.12	253.69	246.94	1 187.78	1 784.54

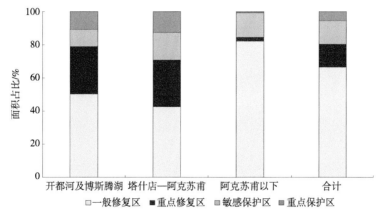

图4-23　开都—孔雀河不同河段生态保护区及修复区面积占比

4.3.2.6　喀什噶尔河流域

基于喀什噶尔流域现状下植被覆盖度及其渐变模式的判定结果，划定其生态保护及范围（图4-24）。借助ArcGIS10.6的空间统计功能，计算出喀什噶尔河流域生态保护区及修复区面积（表4-16）。喀什噶尔河流域生态保护区及修复区总面积为3 984.23 km²，保护区及修复区面积分别为1 409.93 km²和2 574.30 km²，分别占总面积的35.39%和64.61%。其中，修复区中重点修复区和一般修复区面积分别为501.87 km²和2 072.42 km²，分别占流域生态保护区及修复区总面积的12.60%和52.02%；保护区中重点保护区和敏感保护区的面积分别为358.37 km²和1 051.56 km²，分别占流域生态保护区及修复区总面积的8.99%和26.39%。

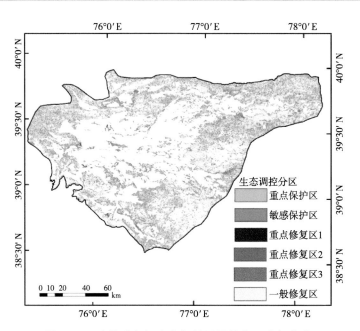

图4-24 喀什噶尔河生态保护区及修复区空间分布

表4-16 喀什噶尔河生态保护区及修复区面积

指标	重点保护区	敏感保护区	重点修复区	一般修复区	合计
面积/km²	358.37	1 051.56	501.87	2 072.42	3 984.23
占比/%	8.99	26.39	12.60	52.02	100.00

4.3.2.7 迪那河流域

基于迪那河流域现状下植被覆盖度及其渐变模式的判定结果，划定其生态保护及范围（图4-25）。借助ArcGIS10.6的空间统计功能，计算出迪那河流域生态保护区及修复区面积（表4-17）。流域生态保护区及修复区总面积为867.38 km²，保护区和修复区面积分别为192.23 km²和675.16 km²，分别占总面积的22.16%和77.84%。其中，修复区中重点修复区和一般修复区的面积分别为221.15 km²和454.00 km²，分别占流域生态保护区和修复区总面积的25.50%和52.34%；保护区中重点保护区和敏感保护区的面积分别为56.03 km²和136.20 km²，分别占流域生态保护区及修复区总面积的6.46%和15.70%。

表4-17 迪那河生态保护区及修复区面积

指标	重点保护区	敏感保护区	重点修复区	一般修复区	合计
面积/km²	56.03	136.20	221.15	454.00	867.38
占比/%	6.46	15.70	25.50	52.34	100.00

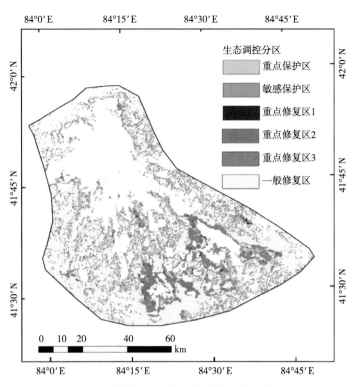

图4-25 迪那河生态保护区及修复区空间分布

4.3.2.8 车尔臣河流域

基于车尔臣河流域现状下植被覆盖度及其渐变模式的判定结果，划定其生态保护及范围（图4-26）。借助ArcGIS10.6的空间统计功能，计算出车尔臣河流域生态保护区及修复区面积（表4-18）。车尔臣河流域生态保护区及修复区总面积为1 775.20 km²，保护区和修复区面积分别为532.60 km²和1 242.59 km²，分别占总面积的30.0%和70.0%（图4-27）。其中，修复区中重点修复区和一般修复区面积分别为194.99 km²和1 047.60 km²，分别占流域生态保护区及修复区总面积的10.98%和59.01%；保护区中重点保护区和敏感保护区面积分别为110.00 km²和422.60 km²，分别占流域生态保护区和修复区总面积的6.20%和23.81%。

表4-18 车尔臣河生态保护及修复区面积　　　　　　　　　　　单位：km²

河段	重点保护区	敏感保护区	重点修复区	一般修复区	合计
大石门—塔提让大桥	62.53	243.32	139.64	687.64	1 133.14
塔提让大桥—台特玛湖	47.47	179.28	55.35	359.96	642.06
合计	110.00	422.60	194.99	1 047.60	1 775.20

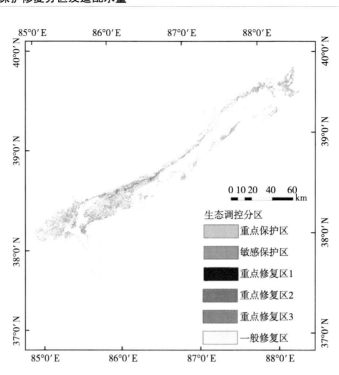

图4-26 车尔臣河生态保护及修复区空间分布

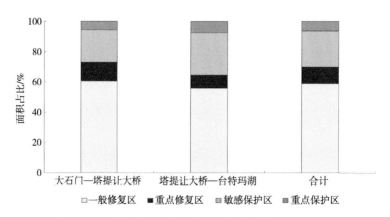

图4-27 车尔臣河不同河段生态保护及修复面积占比

4.3.2.9 渭干—库车河流域

基于渭干—库车河流域现状下植被覆盖度及其渐变模式的判定结果，划定其生态保护及范围（图4-28）。借助ArcGIS10.6的空间统计功能，计算出渭干—库车河流域生态保护区及修复区面积（表4-19）。渭干—库车河流域生态保护区及修复区总面积为2 217.75 km²，保护区和修复区面积分别为34.08 km²和2 183.67 km²，分别占总面积的1.54%和98.46%。其中，修复区中重点修复区和一般修复区面积分别为412.79 km²和1 770.88 km²，分别占流域生态保护区和修复区总面积的18.61%和79.85%；保护区中重点

保护区和敏感保护区面积分别为6.92 km²和27.15 km²，分别占流域生态保护区和修复区总
面积的0.31%和1.22%。

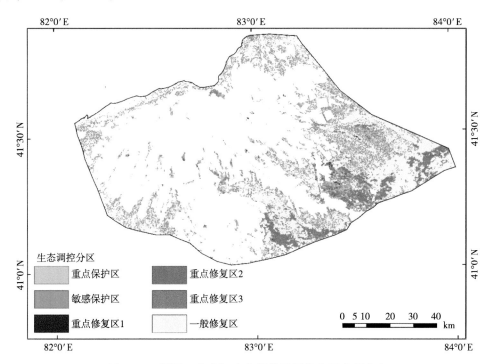

图4-28　渭干—库车河生态保护区及修复区空间分布

表4-19　渭干—库车河生态保护区及修复区面积

指标	重点保护区	敏感保护区	重点修复区	一般修复区	合计
面积/km²	6.92	27.15	412.79	1 770.88	2 217.75
占比/%	0.31	1.22	18.61	79.85	100.00

4.3.2.10　克里雅河流域

基于克里雅河流域现状下植被覆盖度及其渐变模式的判定结果，划定其生态保护及
范围（图4-29）。借助ArcGIS10.6的空间统计功能，计算出克里雅河流域生态保护区及
修复区面积（表4-20）。克里雅河流域生态保护区及修复区总面积为1 272.98 km²，保护
区和修复区面积分别为383.92 km²和889.06 km²，分别占总面积的30.16%和69.84%（图
4-30）。其中，修复区中重点修复区和一般修复区面积分别为229.42 km²和659.65 km²，
分别占流域生态保护及修复总面积的18.02%和51.82%；保护区中重点保护区和敏感保护
区面积分别为96.81 km²和287.11 km²，分别占流域生态保护区和修复区总面积的7.61%和
22.55%。

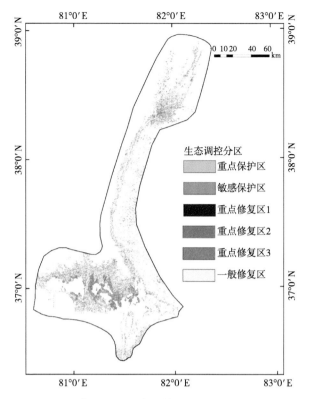

图4-29 克里雅河生态保护区及修复区空间分布

表4-20 克里雅河生态保护区及修复区面积 单位：km²

河段	重点保护区	敏感保护区	重点修复区	一般修复区	合计
公安渠首以下	11.70	205.48	47.60	489.31	754.10
克里雅湿地	85.11	81.62	181.82	170.33	518.88
合计	96.81	287.11	229.42	659.65	1 272.98

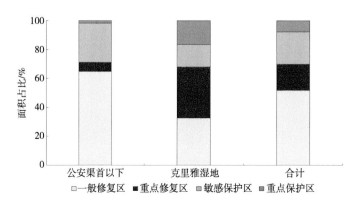

图4-30 克里雅河不同河段生态保护区及修复区面积占比

4.4 塔里木河流域生态保护及修复目标

由沿塔里木河流域各河流发育的天然绿色植被带、河流中下游以胡杨为主的荒漠河岸林、绿洲—荒漠过渡带以及天然湖泊湿地等共同构成的天然植被生态系统，不仅为流域物种多样性保育与诸多野生动物栖息提供了良好生境条件，也是阻挡塔克拉玛干沙漠侵袭绿洲、维护绿洲生态安全的自然生态屏障。本节根据关键生态要素（植被覆盖度）现状稳定性评估结果，划定了塔里木河流域生态保护及修复范围，并根据流域各植被类型的生长与水分关系明确了相应的适生水位。以实现塔里木河流域天然植被的结构稳定和功能完整为基本原则，确立塔里木河流域"九源一干"的生态保护及修复目标及范围（图4-31）。

（1）天然植被保护目标

保障塔里木河流域"九源一干"35 895.02 km²天然植被的生态需水充足供给，维系现状下的植被覆盖度和面积，实现天然植被正常的生长繁育（表4-21）。

（2）天然植被修复目标

促进塔里木河流域"九源一干"26 654.45 km²非稳定天然植被区的生态修复，使其中期规划年（2035年）达到稳定状态。

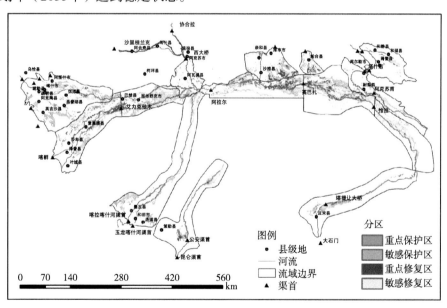

图4-31 塔里木河流域"九源一干"生态保护区及修复分区

表4-21 塔里木河流域"九源一干"生态保护区及修复区面积与占比

流域	指标	保护区			修复区			合计
		重点保护区	敏感保护区	合计	重点修复区	一般修复区	合计	
和田河	面积/km²	136.74	945.36	1 082.09	238.38	1 860.45	2 098.83	3 180.92
	占比/%	4.30	29.72	34.02	7.49	58.49	65.98	100.00

（续表）

流域	指标	保护区			修复区			合计
		重点保护区	敏感保护区	合计	重点修复区	一般修复区	合计	
阿克苏河	面积/km²	195.23	231.46	426.69	283.13	384.40	667.54	1 094.22
	占比/%	17.84	21.15	38.99	25.88	35.13	61.01	100.00
开都—孔雀河	面积/km²	96.12	253.69	349.81	246.94	1 187.78	1 434.73	1 784.54
	占比/%	5.39	14.22	19.60	13.84	66.56	80.40	100.00
叶尔羌河	面积/km²	870.28	1 695.80	2 566.08	1 280.12	3 771.45	5 051.56	7 617.65
	占比/%	11.42	22.26	33.69	16.80	49.51	66.31	100.0
塔里木河干流	面积/km²	260.54	1 968.53	2 229.07	2 392.75	7 444.26	9 837.01	12 066.08
	占比/%	2.16	16.31	18.47	19.83	61.70	81.53	100.00
车尔臣河	面积/km²	110.00	422.60	532.60	194.99	1 047.60	1 242.59	1 775.20
	占比/%	6.20	23.81	30.00	10.98	59.01	70.00	100.00
迪那河	面积/km²	56.03	136.20	192.23	221.15	454.00	675.16	867.38
	占比/%	6.46	15.70	22.16	25.50	52.34	77.84	100.00
喀什噶尔河	面积/km²	358.37	1 051.56	1 409.93	501.87	2 072.42	2 574.30	3 984.23
	占比/%	8.99	26.39	35.39	12.60	52.02	64.61	100.00
克里雅河	面积/km²	96.81	287.11	383.92	229.42	659.65	889.06	1 272.98
	占比/%	7.61	22.55	30.16	18.02	51.82	69.84	100.00
渭干—库车河	面积/km²	6.92	27.15	34.08	412.79	1 770.88	2 183.67	2 251.82
	占比/%	0.31	1.21	1.51	18.33	78.64	96.97	100.00
合计	面积/km²	2 187.04	7 019.46	9 206.5	6 001.54	20 652.89	26 654.45	35 895.02
	占比/%	6.09	19.56	25.65	16.72	57.54	74.26	100.00

（3）天然植被适生地下水埋深

维持不同植被类型区的适生水位（图4-32，表4-22），严格限制出现不同植被类型区小于最低（或胁迫）水位的持续时间小于1年，重点保障流域下游或河岸带天然植被适生地下水埋深，即在叶尔羌河艾力克他木—黑尼亚孜河段、阿克苏流域西大桥—拦河闸河段、孔雀河阿恰枢纽以下河段、和田河阔什拉什—肖塔河段、塔里木河干流等重点河岸林分布区，距离河道两侧5 km以内的重点保护区与修复区维持在2～4 m，其他区域维持在4～6 m；5～10 km重点保护区与修复区维持在4～6 m，其他区域不低于7 m；10 km以外的植被区不低于7 m。

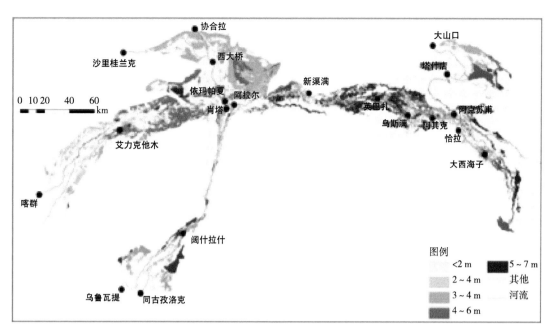

图4-32 塔里木河流域"四源一干"适生水位空间分布

表4-22 不同植被类型区适生水位和最低水位

植被类型区	适生水位/m	最低（或胁迫）水位/m	提出依据
有林地 （以成熟胡杨为主）	4~6	7	胡杨树轮生长及水分利用效率
疏林地 （以过熟胡杨为主）	5~7	8	胡杨树轮生长及水分利用效率
灌木林地 （以柽柳、黑果枸杞、铃铛刺等为主）	4~6	7	分布生境范围
草地 （以草甸芦苇、花花柴等多年生草本为主）	2~4	5	生物量
湿地	0~2	2	维持湿地功能和形态的基本需求

第 5 章

塔里木河流域天然植被生态保护及修复需水

根据塔里木河流域天然植被的空间分布规律，将天然植被分布区划分为河岸带分布区与过渡带分布区2类，其中河岸带分布区指河流沿岸天然植被，距河道可达5~40 km，外侧为荒漠，与河流水力联系紧密；过渡带分布区指人工绿洲和沙漠之间的天然植被过渡带，距离河道较远，河流很难与其产生水力联系，宽度多为2~20 km。根据天然植被现状及发展趋势，分别计算天然植被基本生态需水量与天然植被保护及修复生态需水量。天然植被基本生态需水量是指维持流域内当前天然植被正常生长所需的水量，可实现天然植被不会产生大范围严重的生态退化；天然植被保护及修复生态需水量指能够实现流域内天然植被正常生长并逐步实现退化区稳定的生态需水量，可实现退化区植被的有效恢复，是在满足天然植被基本生态需水量的基础上更高的水量保障要求。基于以上思路，在完成流域天然植被生态保护及修复分区的基础上，结合流域土地利用/覆被及植被覆盖度数据，计算出天然植被基本生态需水量。在明确荒漠河岸林植被恢复供水过程和模式的基础上，计算出流域生态保护及修复生态需水量。

5.1　数据来源及研究方法

生态保护需水量是指维持生态保护区天然植被正常生长所需的基本水量，一般地，其计算方法主要有潜水蒸发法和面积定额法，但这两种方法均存在一定的不足。潜水蒸发法需要地下水埋深资料，同时受潜水蒸发极限埋深的影响，计算精度难以保障；面积定额法忽视了同一植被类型的生长差异，无法得到生态需水的景观异质性特点（凌红波等，2021）。本节以前期塔里木河干流生态需水量的研究结果为基础，结合植被类型的空间分布和植被覆盖度特征，同时参考典型植被区的蒸散发监测结果，构建天然植被生态需水计算模型，进而推算流域生态保护需水的过程和总量。具体过程如下。

（1）典型植被区蒸散发过程

研究团队在新疆阿克苏农田生态系统国家野外科学观测研究站以及塔里木河下游典型荒漠河岸林分布区搭建了称重式蒸渗仪和波文比仪，以获取胡杨、柽柳和芦苇等典型植物的逐日耗水量数据，以及荒漠河岸林区块耗水过程。同时，基于多元遥感数据（MODIS-NDVI、MODIS-LAI、MODIS-LST、Landsat-TM）和中国区域高时空分辨率地面气象数据（CMFD），借助高斯过程回归算法（Gaussian Process Regression，GPR），构建多层复杂神经网络，利用获取的逐日耗水量数据进行验证，得到逐日的地表蒸散数据（杨梓涵等，2023）。

（2）潜水蒸发法

根据潜水蒸发量间接计算生态需水量。该方法适用于干旱区植被生存主要依赖地下水的情况（热合曼·依米提，2016）。对于某些地区天然植被生态用水量计算，若前期工作积累较少，模型参数获取困难，也可考虑采用此方法。干旱区天然植被的实际蒸散可近似地用潜水蒸发量W表示。

$$W = E \times A \qquad (5-1)$$

式中，E为潜水蒸发强度（mm）；A为要维持或保护的植被面积（km²）。

潜水蒸发与气象要素、土壤质地、土壤水分储量和地下水埋深等密切相关。目前潜水蒸发法常用的计算公式如下。

阿维里扬诺夫公式：

$$E = a(1-H/H_{max})^b E_{F20} \qquad (5-2)$$

阿克苏水平衡公式：

$$E = E_{20}(1-H/H_{max})^{2.51} \qquad (5-3)$$

式中，E为潜水蒸发强度（mm）；E_{F20}为常规气象蒸发皿观测值（mm）；H为地下水埋深（m）；E_{20}为20 m²蒸发池水面蒸发量；H_{max}为地下水极限埋深（m），按5 m计算；a、b为经验系数，本研究取a=0.62、b=2.8。

需要指出的是，以上公式计算结果均为裸地条件下的潜水蒸散发数值，若考虑不同植被覆盖条件下的潜水蒸散发，需通过植被系数对裸地条件下蒸散发计算结果进行修正，依据宋郁东（2002）和樊自立等（2004）的研究，在塔里木河流域植被系数见表5-1。

表5-1　不同潜水埋深条件下的植被系数

潜水埋深/m	植被系数	潜水埋深/m	植被系数
1.0	1.98	3.0	1.38
1.5	1.63	3.5	1.29
2.0	1.56	4.0	1.00
2.5	1.45		

（3）面积定额法

面积定额法是依据不同天然植被类型的生态耗水的监测数据，归纳总结出不同天然植被类型单位面积生态需水量，并依据不同天然植被类型的面积，计算出区域总的天然植被生态需水量，其计算公式如下：

$$W_p = \sum_{i=1}^{n} W_{pi} = A_i m_{pi} \tag{5-4}$$

式中，p为植被需水保证率；A_i为i类植被的面积；m_{pi}为相应保证率的植被需水定额；n为植被类型数（胡广录和赵文智，2008）。

（4）天然植被生态需水量计算模型构建

利用植被空间分布类型、植被覆盖度以及蒸散发的时空数据，构建生态保护生态需水量计算模型。同时，为验证模型精度，基于以往计算的塔里木河干流生态需水量数据，使用tanh函数作为激活函数训练与校正模型，最终如下：

$$\tanh(x) = \frac{e^x - e^{-x}}{e^x + e^{-x}} \tag{5-5}$$

$$ER_j = \alpha_j \sum_{i=1}^{n} \left(ET_j \times \frac{V_{ij}}{\frac{1}{n} \sum V_{ij}} \right) \tag{5-6}$$

式中，ER_j为j类植被的生态需水量；ET_j为j类植被分布区的实际蒸散数据；V_{ij}为j类植被第i个斑块的植被覆盖度；α_j为模型系数；n为植被类型数（斯仁道尔吉，2017）。

5.2 天然植被基本生态需水量空间分布

5.2.1 塔里木河干流

基于塔里木河干流天然植被类型及植被覆盖度数据，依据构建的天然植被基本生态需水量计算模型，并根据生态保护及修复分区划定结果，计算出塔里木河干流上、中、下游天然植被基本生态需水量（图5-1，表5-2）。根据统计结果，塔里木河干流天然植被基本生态需水量为21.15亿m³，上游断面生态水量最大，为9.58亿m³；中游次之，为9.15亿m³；下游最小，为2.42亿m³。

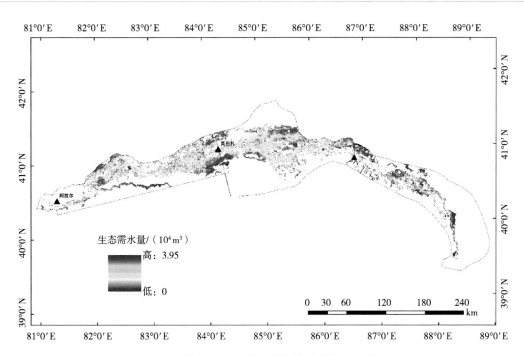

图5-1 塔里木河干流天然植被基本生态需水量

表5-2 塔里木河干流不同河段天然植被基本生态需水量

河段	河岸带/亿m³
阿拉尔—英巴扎	9.58
英巴扎—恰拉	9.15
恰拉—台特玛湖	2.42
合计	21.15

5.2.2 阿克苏河流域

基于阿克苏河流域天然植被类型及植被覆盖度数据，依据构建的天然植被基本生态需水计算模型，并根据生态保护及修复分区划定结果，计算阿克苏河不同天然植被基本生态需水量（图5-2，表5-3）。根据统计结果，阿克苏河流域天然植被基本生态需水量为2.14亿m³。协合拉—西大桥河段河岸带生态需水量为0.13亿m³，而沙里桂兰克—西大桥河段河岸带生态需水量为0.19亿m³。西大桥—拦河闸河段总的生态需水量1.82亿m³，其中河岸带生态需水量为0.17亿m³，而过渡带生态需水量为1.65亿m³。

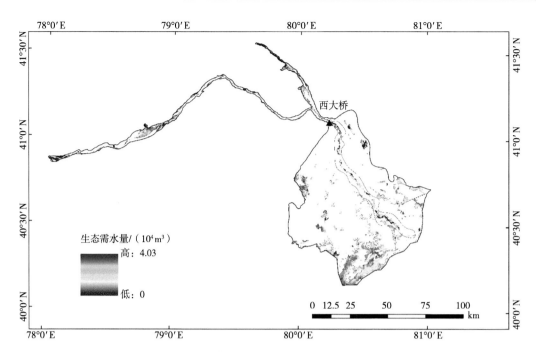

图5-2　阿克苏河流域天然植被基本生态需水量

表5-3　阿克苏河不同河段天然植被基本生态需水量　　　　　　　单位：亿m³

河段	河岸带	过渡带	合计
协合拉—新大河老大桥	0.13		0.13
沙里桂兰克—新大河老大桥	0.19		0.19
西大桥—拦河闸	0.17	1.65	1.82
合计	0.49	1.65	2.14

5.2.3　和田河流域

　　基于和田河流域天然植被类型及植被覆盖度数据，依据构建的天然植被基本生态需水计算模型，并根据生态保护及修复分区划定结果，计算和田河流域不同天然植被基本生态需水量（图5-3，表5-4）。根据统计结果，和田河流域天然植被基本生态需水量为7.60亿m³。玉龙喀什河渠首—阔什拉什河段河岸带生态需水量为0.32亿m³，而喀拉喀什河渠首河段河岸带生态需水量为0.35亿m³，玉龙喀什河与喀拉喀什河两侧过渡带生态需水量为3.70亿m³。阔什拉什—肖塔河段河岸带生态需水量为3.23亿m³。

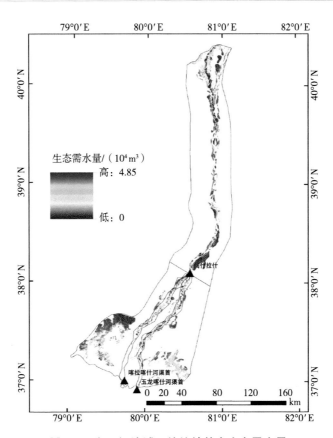

图5-3　和田河流域天然植被基本生态需水量

表5-4　和田河不同河段天然植被基本生态需水量　　　　　　　　　　单位：亿m³

河段	河岸带	过渡带	合计
玉龙喀什河渠首—阔什拉什	0.35	3.70	4.05
喀拉喀什河渠首—阔什拉什	0.32		0.32
阔什拉什—肖塔	3.23		3.23
合计	3.90	3.70	7.60

5.2.4　叶尔羌河流域

　　基于叶尔羌河流域天然植被类型及植被覆盖度数据，依据构建的天然植被基本生态需水计算模型，并根据生态保护及修复分区划定结果，计算叶尔羌河流域不同天然植被基本生态保护水量（图5-4，表5-5）。根据统计结果，叶尔羌河流域天然植被基本生态需水量为13.38亿m³。喀群—艾力克他木河段总的生态需水量为7.97亿m³，其中河岸带生态需水量为2.33亿m³，而过渡带生态需水量为5.64亿m³；艾力克他木—黑尼亚孜河段生态需水总量为5.41亿m³，其中河岸带生态需水量为4.01亿m³，过渡带生态需水量为1.40亿m³。

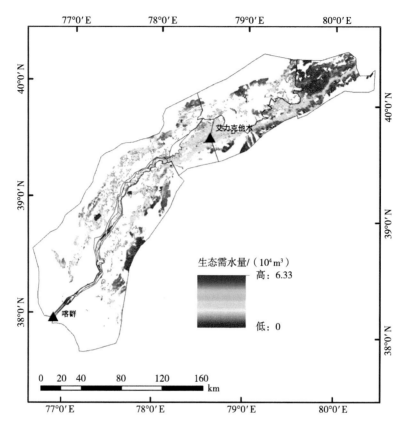

图5-4　叶尔羌河流域天然植被基本生态需水量

表5-5　叶尔羌河不同河段天然植被基本生态需水量　　　　　单位：亿m³

河段	河岸带	过渡带	合计
喀群—艾力克他木	2.33	5.64	7.97
艾力克他木—黑尼亚孜	4.01	1.40	5.41
合计	6.34	7.04	13.38

5.2.5　开都—孔雀河流域

基于开都—孔雀河流域天然植被类型及植被覆盖度数据，依据构建的天然植被基本生态需水计算模型，并根据生态保护及修复分区划定结果，计算开都—孔雀河流域不同天然植被基本生态需水量（图5-5，表5-6）。根据统计结果，开都—孔雀河流域天然植被基本生态需水量为2.83亿m³。大山口—宝浪苏木河段总的生态需水量为1.11亿m³；塔什店—阿克苏甫河段生态需水总量为0.87亿m³，其中河岸带生态需水量为0.18亿m³，过渡带生态需水量为0.69亿m³；阿克苏甫以下河段均为河岸带植被，基本生态需水量为0.86亿m³。

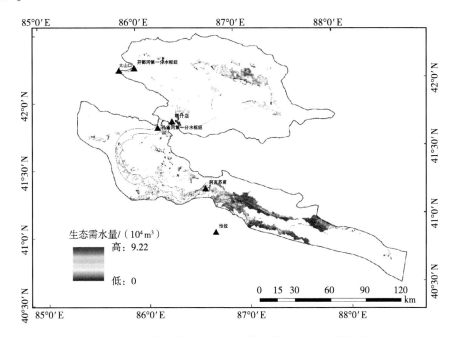

图5-5　开都—孔雀河流域天然植被基本生态需水量

表5-6　开都—孔雀河流域不同河段天然植被基本生态需水量　　　　　　　　　单位：亿m³

河段	河岸带	过渡带	合计
大山口—宝浪苏木（含博斯腾湖）		1.11	1.11
塔什店—阿克苏甫	0.18	0.69	0.87
阿克苏甫—大开屏以下	0.86		0.86
合计	1.04	1.79	2.83

5.2.6　喀什噶尔河流域

　　基于喀什噶尔河流域天然植被类型及植被覆盖度数据，依据构建的天然植被基本生态需水计算模型，并根据生态保护及修复分区划定结果，计算喀什噶尔河流域不同天然植被基本生态需水量（图5-6，表5-7）。根据统计结果，喀什噶尔河流域天然植被基本生态需水量为6.50亿m³，其中保护区及修复区天然植被基本生态需水量分别为2.39亿m³、4.11亿m³，重点保护区为0.99亿m³，敏感保护区为1.40亿m³，重点修复区为1.35亿m³，一般修复区为2.76亿m³。

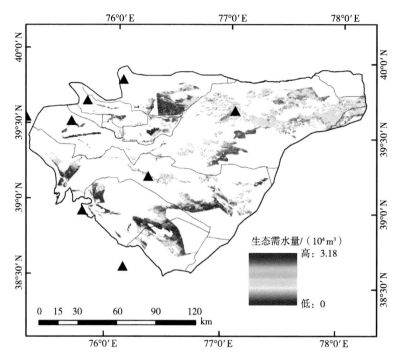

图5-6　喀什噶尔河流域天然植被基本生态需水量

表5-7　喀什噶尔河流域天然植被基本生态需水量　　　　　　　　　　单位：亿m³

河流	重点保护区	敏感保护区	重点修复区	一般修复区	合计
布谷孜河	0.08	0.19	0.07	0.30	0.64
盖孜河	0.28	0.22	0.39	0.42	1.31
克孜河	0.46	0.64	0.66	1.57	3.33
库山河	0.06	0.18	0.07	0.21	0.52
恰克马克河	0.02	0.02	0.04	0.04	0.12
吐曼河	0.04	0.03	0.06	0.05	0.19
依格孜牙河	0.05	0.12	0.06	0.17	0.40
合计	0.99	1.40	1.35	2.76	6.50

5.2.7　迪那河流域

基于迪那河流域天然植被类型及植被覆盖度数据，依据构建的天然植被基本生态需水计算模型，并根据生态保护及修复分区划定结果，计算迪那河流域不同天然植被基本生态需水量（图5-7，表5-8）。根据统计结果，迪那河流域天然植被基本生态需水量为1.68亿m³，其中保护区及修复区天然植被基本生态需水量分别为0.37亿m³、1.32亿m³，重点保护区为0.17亿m³，敏感保护区为0.20亿m³，重点修复区为0.66亿m³，一般修复区为0.66亿m³。

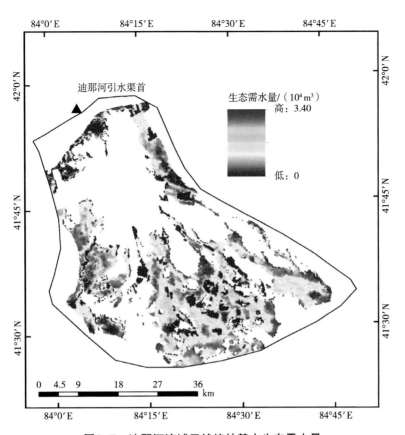

图5-7　迪那河流域天然植被基本生态需水量

表5-8　迪那河流域天然植被基本生态需水量　　　　　　　　　　单位：亿m³

分区	生态需水量
重点保护区	0.17
敏感保护区	0.20
重点修复区	0.66
一般修复区	0.66
合计	1.68

5.2.8　车尔臣河流域

基于车尔臣河流域天然植被类型及植被覆盖度数据，依据构建的天然植被基本生态需水计算模型，并根据生态保护及修复分区划定结果，计算车尔臣河流域不同天然植被基本生态需水量（图5-8，表5-9）。根据统计结果，车尔臣河流域天然植被基本生态需水量为3.02亿m³。大石门—塔提让河岸带生态需水量为1.86亿m³，而塔提让—台特玛湖过渡带生态需水量为1.16亿m³。

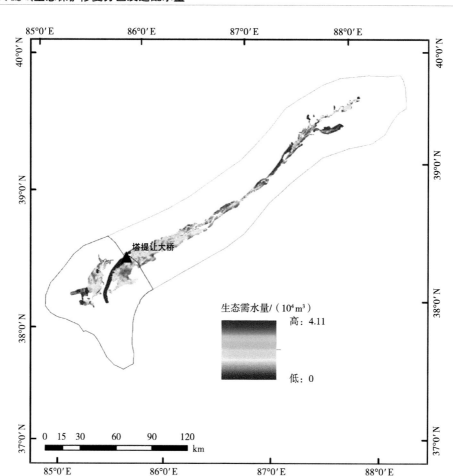

图5-8 车尔臣河流域天然植被基本生态需水量

表5-9 车尔臣河流域天然植被基本生态需水量 单位：亿m³

河段	河岸带	过渡带	合计
大石门—塔提让	1.86		1.86
塔提让—台特玛湖		1.16	1.16
合计	1.86	1.16	3.02

5.2.9 渭干—库车河流域

基于渭干—库车河流域天然植被类型及植被覆盖度数据，依据构建的天然植被基本生态需水计算模型，并根据生态保护及修复分区划定结果，计算渭干—库车河流域不同天然植被基本生态需水量（图5-9，表5-10）。根据统计结果，渭干—库车河流域天然植被基本生态需水量为4.35亿m³，保护区和修复区天然植被基本生态需水量分别为0.99亿m³和3.36亿m³，重点保护区为0.49亿m³，敏感保护区为0.50亿m³，重点修复区为1.76亿m³，一般修复区为1.60亿m³。

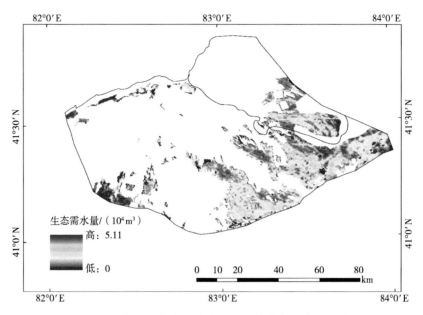

图5-9　渭干—库车河流域天然植被基本生态需水量

表5-10　渭干—库车河流域天然植被基本生态需水量　　　　　　单位：亿m³

河流	重点保护区	敏感保护区	重点修复区	一般修复区	合计
库车河	0.11	0.18	0.15	0.27	0.72
渭干河	0.38	0.32	1.61	1.33	3.63
合计	0.49	0.50	1.76	1.60	4.35

5.2.10　克里雅河流域

基于克里雅河流域天然植被类型及植被覆盖度数据，依据构建的天然植被基本生态需水计算模型，并根据生态保护及修复分区划定结果，计算克里雅河流域不同天然植被基本生态需水量（图5-10，表5-11）。根据统计结果，克里雅河流域天然植被基本生态需水量为2.38亿m³。克里雅保护区河岸带生态需水量为1.09亿m³，而公安渠首以下过渡带生态需水量为1.29亿m³。

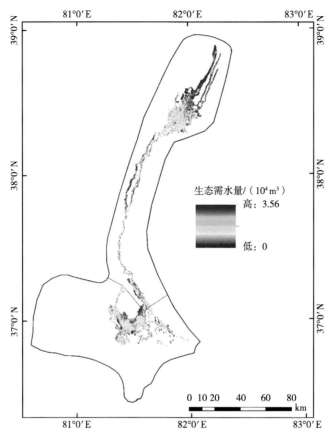

图5-10 克里雅河流域天然植被基本生态需水量

表5-11 克里雅河流域天然植被基本生态需水量 单位：亿m³

河段	河岸带	过渡带	合计
公安渠首以下		1.29	1.29
克里雅保护区	1.09		1.09
合计	1.09	1.29	2.38

5.2.11 塔里木河流域天然植被基本生态需水量

根据塔里木河流域"九源一干"生态需水量计算结果（图5-11，表5-12），保障天然植被基本生态需水量共计65.03亿m³，其中河岸带为35.87亿m³，过渡带为29.16亿m³，占比分别为55.16%和44.84%。

表5-12 塔里木河流域"九源一干"天然植被基本生态需水　　　　单位：亿m³

区域	塔里木河干流	阿克苏河	和田河	叶尔羌河	开都—孔雀河	喀什噶尔河
河岸带	21.15	0.49	3.90	6.34	1.04	
过渡带		1.65	3.70	7.04	1.79	6.50
合计	21.15	2.14	7.60	13.38	2.83	6.50

区域	迪那河	车尔臣河	渭干—库车河	克里雅河	合计
河岸带		1.86		1.09	35.87
过渡带	1.68	1.16	4.35	1.29	29.16
合计	1.68	3.02	4.35	2.38	65.03

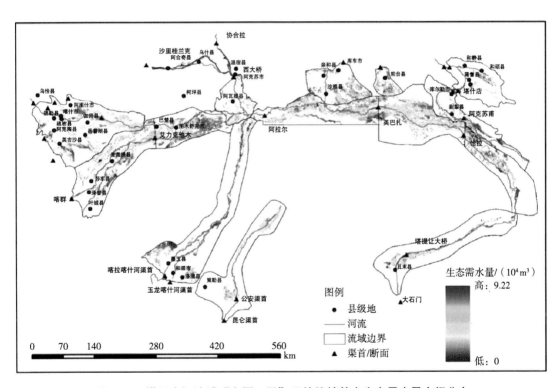

图5-11 塔里木河流域"九源一干"天然植被基本生态需水量空间分布

5.3 荒漠河岸林群落结构演替的水干扰过程

5.3.1 数据来源及研究方法

为分析漫溢干扰下荒漠河岸林群落多样性演替规律，将调查区设置在塔里木河下游昆阿斯特、魔鬼坝、阿拉干、台特玛湖和考干等漫溢区。地表水漫溢试验区主要设置在距离河道较近的11个断面、50个样地和536个样方（调查时间2001—2020年），地下水埋深小于4 m。根据野外实地调查中所反映的漫溢情况，将样地的漫溢干扰情况按频次、持续时间进行梯度划分，并形成3个处理（表5-13）。具体地，漫溢频次划分为3个梯度，即2~3年1次、1年1~2次、1年2次以上；持续时间划分为4个梯度，即1~10 d、10~20 d、20~30 d、30 d以上。基于以上划分，在2001—2020年选取漫溢频次、持续时间不同的样地，分别随机设置3~5个1 m×1 m（草本）、5 m×5 m（灌木）或10 m×10 m（乔木）的植被调查样方，对地表植被和幼苗库的情况进行详细调查（调查内容包括地表植被物种组成、个体数、株高、胸径、冠幅、盖度、频度及幼苗株数、高度、频次、死亡率等），以探明不同漫溢干扰方式下植被群落动态特征差异。

表5-13　塔里木河下游漫溢干扰试验

处理	漫溢频次	漫溢时间	梯度
处理1	2~3年1次（低，F1）	1~10 d（短，T1）	F1T1
		10~20 d（中短，T2）	F1T2
		20~30 d（中长，T3）	F1T3
		30 d以上（长，T4）	F1T4
处理2	每年1~2次（中，F2）	1~10 d（短，T1）	F2T1
		10~20 d（中短，T2）	F2T2
		20~30 d（中长，T3）	F2T3
		30 d以上（长，T4）	F2T4
处理3	每年2次以上（高，F3）	1~10 d（短，T1）	F3T1
		10~20 d（中短，T2）	F3T2
		20~30 d（中长，T3）	F3T3
		30 d以上（长，T4）	F3T4

本小节选取重要值（Important value）和Alpha多样性指数（Margalef指数及Shannon-Wiener指数）作为评价指标。

$$重要值=（相对多度+相对冠幅+相对高度）/3 \tag{5-7}$$

$$Margalef指数 \quad D=(S-1)/\ln N \tag{5-8}$$

式中，N为总个体数量；S为总物种数量。

$$Shannon-Wiener指数 \quad H'=-\sum P_i \ln P_i \tag{5-9}$$

式中，P_i表示不同类别物种i出现的概率。

本小节采用R（version 3.4.3）进行Alpha多样性指数计算，计算过程中使用 "vega" "ade4" "gclus" "cluster" "FD"包。在计算Alpha多样性指数时，首先基于物种数据转化得到样方-物种矩阵，进而利用 "diversity（）"函数计算得到Margalef指数及Shannon-Wiener指数。

5.3.2　1次漫溢后荒漠河岸林群落结构变化

由于干旱区河流存在明显的丰枯变化，生态输水能否连续也存在不确定性。因此，首先要确定在1次地表水漫溢以后，经历多长时段植被群落又呈现严重的退化，这为确定水干扰时间间隔的最大阈值提供科学依据。根据图5-12，在1次漫溢（持续时间10~20 d）后的第1~3年，乔灌木的重要值显著增加，在第4年，乔灌木转变为显著的下降趋势。对于一年生草本，在1次漫溢后的1~3年，重要值下降了84.3%，在第4年草本的重要值下降为0。不同的是，多年生草本的重要值在1次漫溢后的第4年比第3年增加了73.3%，其后在第5~7年变化不显著。根据1次漫溢后第3和第4年主要植物种的重要值可知（图5-13），胡杨（乔木）和柽柳（灌木）分别下降了79.9%和43.9%，花花柴、胀果甘草和芦苇（3种皆为多年生草本）分别增加了81.3%、18.7%和87.3%。在第3年，柽柳的重要值最大，其次是花花柴、胡杨、芦苇和胀果甘草，最小的是盐生草和猪毛菜（两种皆为一年生草本）；在第4年，花花柴的重要值最大，其后依次是柽柳、芦苇、胀果甘草和胡杨，盐生草和猪毛菜已经消失。根据以往的研究，重要值呈现以上变化的原因是在1次漫溢后的第1年，草本植物大量萌发，而乔木、灌木需多次漫溢才能大量萌发。在1次漫溢后的第4~7年，随着土壤干旱化加剧，表层土壤积盐加重，一年生草本失去萌发的环境条件；而花花柴等多年生草本相比胡杨、柽柳幼苗更具抗旱和耐盐的特性（特别是胡杨幼苗的耐盐性更差），因此多年生草本的重要值在1次漫溢后的第4~7年均最大。

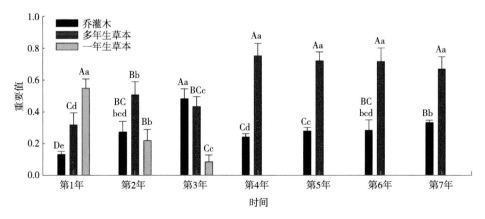

图5-12　一次漫溢以后植物重要值的变化过程

注：柱上不同小写字母表示不同植物间在0.05检验水平下差异显著；不同大写字母表示不同年份间在0.05检验水平下差异显著。

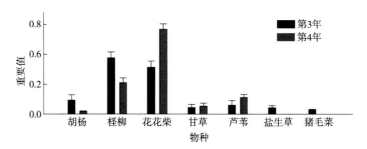

图5-13 主要物种重要值的变化

根据塔里木河下游物种多样性的变化（图5-14）可知，在1次漫溢后的第2年和第3年，Shannon-Wiener指数在0.01检验水平下呈现极显著的下降（下降了27.1%）；在第3年和第4年，Shannon-Wiener指数在0.05检验水平下呈现显著的下降（下降了18.2%），而Margalef指数在0.01检验水平下呈现极显著的下降（下降了40.3%）。在第3年以后，漫溢区的多样性指数和丰富度指数皆与非漫溢区差异不显著，表明漫溢后植物的多样性又减少至未漫溢的时段。综合以上分析，在荒漠河岸林植被的恢复初期，为提高植物群落的稳定性（以乔灌木为建群种）和多样性，两次漫溢间的时间间隔应当不多于2年，最大阈值为3年，这也为地表水漫溢试验中设置2~3年漫溢1次的梯度提供了理论依据。

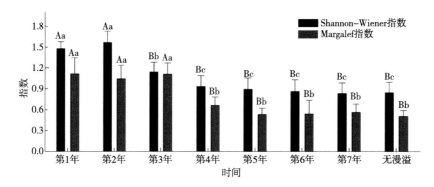

图5-14 塔里木河下游植物多样性的变化

注：柱上不同小写字母表示各指数不同年份间在0.05检验水平下差异显著；不同大写字母表示各指数不同年份间在0.01检验水平下差异显著。

5.3.3 不同漫溢干扰下荒漠河岸林群落结构变化特征

在塔里木河下游，生态输水后，植物的长势、盖度、群落的物种多样性以及生理指标等皆出现了积极的响应。此外，以往的研究借助漫溢试验分析了单个因素对胡杨生长的影响。但是，根据长期的连续野外监测，分析两种因素（漫溢的频次和时间）共同作用下植物群落的演替规律，相关的成果较少。以往的研究也表明，洪水的持续时间及强度（频次）决定植被物种组成和分布格局。对于漫溢试验处理1中的F1T1梯度（图5-15a），由于漫溢的频次少、时间短，在经过>7年的漫溢后，形成了以花花柴为建群种（具有最大的重要值）的植物群落（图5-16）。以往的研究发现受洪水影响较弱的区域也会发生植被的演替和变化。对于F1T2（图5-15b）和F1T3（图5-15c）梯度，多年生草本的重要值减少了8.3%而乔灌木增加了18.7%。在F1T4梯度（图5-15d），随着漫溢时间的延长，芦苇的重要值呈现增加，因此多年生草本的重要值增加了51.3%。对于植物多样性，长期漫溢以后（>7年），F1T3（中长漫溢时间）梯度的Shannon-Wiener指数和Margalef指数的平均值在处理1中最大（图5-15c）。

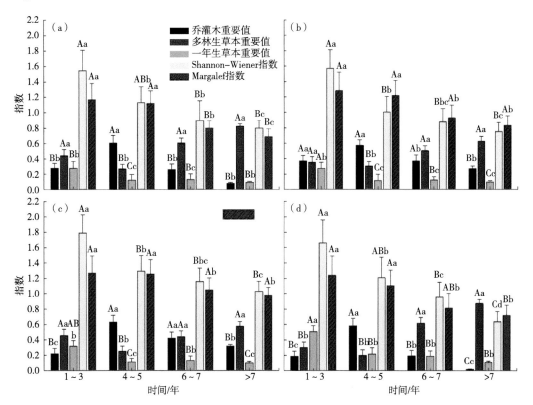

图5-15　漫溢试验中各处理1[F1T1（a）、F1T2（b）、F1T3（c）、
F1T4（d）]植物群落重要值和多样性变化

注：柱上不同小写字母表示各指数不同年份间在0.05检验水平下差异显著；不同大写字母表示各指数不同年份间在0.01检验水平下差异显著。

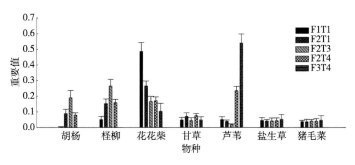

图5-16　漫溢试验处理的物种重要值

对于处理2中的F2T1梯度（图5-17a），在中等频次和短时间的联合干扰下，经历>7年的连续漫溢后多年生草本的重要值显著大于乔灌木和一年生草本；可是，相对于F1T1梯度（图5-16），花花柴、芦苇、盐生草和猪毛菜的重要值分别减少了45.7%、22.2%、10.6%和5.8%；胡杨、柽柳和胀果甘草的重要值分别增加了1 537.4%、2 037.9%和44.7%。对于F2T2梯度（图5-17b），在经历>7年的连续漫溢后，乔灌木的重要值在0.05检验水平下显著大于多年生草本，而在F2T3梯度（图5-17c），乔灌木的重要值在0.01检验水平下极显著大于多年生草本；在F2T4梯度（图5-17d），芦苇和胀果甘草的重要值比F2T3梯度分别增加了1 200.0%和67.6%，而胡杨和柽柳分别减少了58.4%和40.2%（图5-16），导致多年生草本的重要值显著大于乔灌木。特别地，在长期（>7年）漫溢干扰后，乔灌木的重要值在F2T3梯度比F2T2梯度大9.6%，植物群落Shannon-Wiener指数和Margalef指数的平均值分别大26.6%和14.6%。因此，F2T3梯度的漫溢干扰比F2T2梯度更有利于形成物种多样的、以乔灌木为建群种的群落结构。

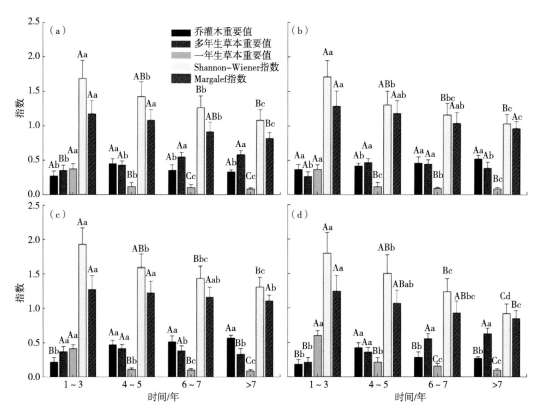

图5-17　漫溢试验中处理2〔F2T1（a），F2T2（b），F2T3（c），F2T4（d）〕植物群落重要值和多样性变化

注：柱上不同小写字母表示不同指数间在0.05检验水平下差异显著；不同大写字母表示不同指数间在0.01检验水平下差异显著。

对于处理3中的F3T1梯度（图5-18a），在高频次和短时间干扰下，在连续漫溢1~3年后，一年生草本的重要值显著大于多年生草本和乔灌木；4~5年后，乔灌木的重要值最大；6年后形成了花花柴群落。在F3T2梯度（图5-18b），随着漫溢时间的延长、水分条件的好转，以花花柴为建群种的多年生草本的重要值呈现增加，乔灌木的重要值呈现减少。在F3T3梯度（图5-18c），由于漫溢的频次高、时间长，在经过>7年后形成了以芦苇为建群种的群落结构；而乔灌木的重要值在F3T3梯度比F3T2增加了20.0%。特别地，在F3T4梯度，漫溢>7年后花花柴和胀果甘草的重要值比F2T4梯度（图5-16）分别减少了39.8%和35.3%，芦苇、盐生草和猪毛菜的重要值分别增加了129.1%、19.0%和16.2%（图5-16）。因此，F3T4梯度的漫溢形成了由草本构成的芦苇群落，这种群落主要分布在水分条件较好的大西海子水库和尾闾台特玛湖周边。

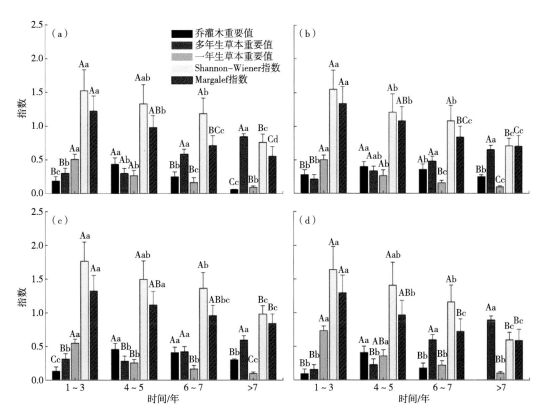

图5-18 漫溢试验中处理3［A-F3T1（a），B-F3T2（b），C-F3T3（c），D-F3T4（d）］植物群落重要值和多样性变化

注：柱上不同小写字母表示不同指数间在0.05检验水平下差异显著；不同大写字母表示不同指数间在0.01检验水平下差异显著。

综合以上分析（图5-15至图5-18）可知，在经历>7年的漫溢以后，低频次、短时间（如F1T1、F1T2梯度）的漫溢干扰将导致植物形成以花花柴为建群种的群落；高频次、长时间（如F3T3、F3T4梯度）的漫溢干扰将导致植物形成以芦苇为建群种的群落。此外，漫溢时间对植物群落演替的影响程度强于漫溢频次。根据本研究，在低频次、长时间（如F1T4梯度）漫溢干扰下，植物也会形成芦苇群落；在高频次、短时间（如F3T1、F3T2梯度）漫溢干扰下，植物也形成了花花柴群落。以往对洪水漫溢过程与植物群落变化关系的研究，主要有3种观点：首先，植被盖度随洪水发生频次、流量、强度的增加而增加；其次，植被盖度、长势和丰富度等与洪水发生的频次、流量、间隔和强度的关系不大；最后，漫溢干扰遵循"中度干扰"理论，即在中等强度的干扰下植物群落的物种多样性最大。根据本研究，在中度干扰（如F2T2、F2T3梯度）下，植物群落向以胡杨伴生柽柳为建群种的方向演替。特别是在F2T3梯度，胡杨和柽柳的重要值以及群落的Shannon-Wiener指数、Margalef指数皆大于其他梯度，表明该梯度下的漫溢干扰促进形成了对干旱胁迫极具抗性且物种多样的荒漠河岸林生态系统。因此，在干旱区，中度的漫溢干扰能够促使植物形成具有丰富多样性和较强稳定性的群落结构，这也丰富了"中度干扰"理论的科学内涵。

5.3.4　荒漠河岸林地表水-地下水联合干扰模式

荒漠河岸林植物的萌发需要实现河水漫溢，而其生长需要提供适宜的地下水埋深。为增强荒漠河岸林生态系统对干旱胁迫的抗性，需要在其恢复和保护过程中实现地表水与地下水的联合干扰（图5-19）。结合地表水漫溢干扰试验和荒漠河岸林建群植物种的分析可知，在高频次、长时间的漫溢下，植被将形成以芦苇为建群种的群落结构［图5-19S（1）］；但当地下水埋深下降到>3 m的胁迫值，芦苇将逐渐死亡，甚至整个群落将消失［图5-19S（2），地下水埋深>5 m］。在低频次、短时间的漫溢下，植被将形成以花花柴为建群种的群落结构［图5-19L（1）］；同样地，花花柴群落对干旱胁迫的抗性较差，当地下水埋深>6 m的胁迫值时，花花柴将大面积死亡［图5-19L（2）］。在中度干扰下（F2T3梯度），荒漠河岸林退化区将恢复成由乔灌木、多年生草本和一年生草本构成的、结构相对稳定的胡杨（+柽柳）群落［图5-19I（1）］；在群落水平上，此时适宜的地下水埋深应维持在2～4 m；但地下水埋深较浅、植被长势较好，会导致大量的水资源被蒸腾耗散。对于荒漠河岸林，群落多样性受损的地下水埋深为4 m，草本死亡的地下水埋深为5.5 m。因此，在水资源极度匮乏的干旱区，综合考虑水资源的高效利用和生态系统的功能稳定，合理的地下水埋深可维持在4～5 m［图5-19I（2）］；同时保证2～3年实现1次地表水漫溢（最优选取F1T3梯度），以促进一年生草本萌发，维持群落的物种多样性。

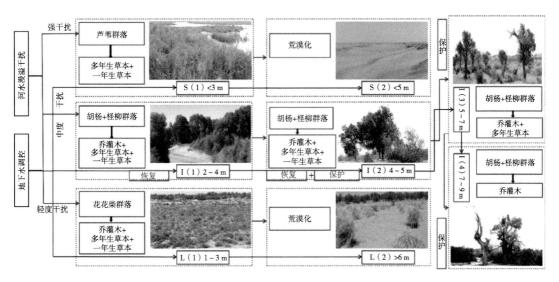

图5-19　不同地表水–地下水联合干扰下植物群落的演替

以往研究表明，水力再分配是荒漠河岸胡杨林群落适应干旱胁迫的一个重要生理机制。在地下水埋深处于5~7 m的胁迫值时［图5-19，I（3）］，胡杨、柽柳通过水力再分配将深层土壤水和地下水提升至浅层土壤，这在干旱胁迫下实现了水分利用的最大化。但是，若对地下水的补给不足，水力再分配将加快地下水位降低的速率［图5-19，I（4）］，最终将导致干旱加重，引发荒漠河岸林生态系统因生态水亏缺而严重退化。因此，若荒漠河岸林生态系统面临干旱胁迫，地下水埋深可维持在5~7 m［图5-19，I（3）］，但应保证有稳定的水源补给地下水（如塔里木河下游持续的生态输水）。若干旱持续加重，地下水埋深增加到7~9 m的死亡临界值，此时荒漠河岸林生态系统已严重退化（如生态输水前的塔里木河下游），应对植物群落采取地表水漫溢（如F2T3梯度）与减小地下水埋深（2~4 m）联合干扰的方式进行构建和恢复。在不同的干旱背景下，针对植物的群落构成以及对水分的利用策略，以地表水–地下水联合干扰的模式，促进干旱区荒漠河岸林生态系统的保护和恢复，为相似区域的生态系统可持续管理提供理论指导和科学借鉴。

5.4　生态保护及修复水量的时空格局

以2020年为基准年，以2035年为中期规划目标年，天然植被生态修复水量的计算过程如下：在天然植被生态需水量计算结果的基础上，以促进天然植被生态修复的漫溢水量过程为依据，实现年内1~2次，每次持续时间10~20 d中度漫溢干扰所需的水量；综合考虑生态水高效利用和生态修复效果，设定生态修复漫溢水量供给的最大时间间隔为2~3年；结合生态修复区面积，推算出现状下流域天然植被生态保护及修复水量。

恢复年限的设定以修复区变化模式和未来发展趋势进行判断：修复区变化模式呈指数型和逻辑型增加且未来处于低度稳定状态，表明其当前处于恢复至稳定状态的末期，在短时间内即可有效恢复，恢复年限为5年；修复区变化模式呈指数型或线型增加且未来处于增长趋势，表明其当前处于生态恢复的中期水平，恢复年限设定为10年；修复区变化模式呈线型减少且未来处于下降趋势，表明其处于剧烈的退化阶段或已发生严重退化，短时间内难以扭转其退化趋势并有效恢复，其恢复年限设定为15年。

5.4.1 塔里木河干流生态保护及修复水量

依照天然植被生态修复水量计算流程，结合天然植被基本生态需水量计算结果，根据不同修复区的恢复年限，以2020年为基准年，以2035年为中期规划目标年，计算出塔里木河干流应维持的生态保护及修复水量（表5-14，图5-20）。根据统计结果，塔里木河干流生态保护及修复总水量为25.75亿m³，其中上、中、下游分别为11.72亿m³、11.15亿m³、2.89亿m³。保护区以维持天然植被基本生态需水为要求，生态保护及修复水量为4.76亿m³；修复区在维持天然植被生态需水的基础上，进行生态修复，生态保护及修复水量为20.99亿m³。上游河段保护区生态保护及修复水量为2.08亿m³，其中重点保护区0.86亿m³、敏感保护区1.22亿m³；修复区生态保护及修复水量为9.63亿m³，其中重点修复区3.58亿m³、一般修复区6.05亿m³。中游河段保护区生态保护及修复水量为2.04亿m³，其中重点保护区1.09亿m³、敏感保护区0.95亿m³；修复区生态保护及修复水量为9.11亿m³，其中重点修复区4.88亿m³、一般修复区4.23亿m³。下游河段保护区生态保护及修复水量为0.63亿m³，其中重点保护区0.15亿m³、敏感保护区0.48亿m³；修复区生态保护及修复水量为2.26亿m³，其中重点修复区0.42亿m³、一般修复区1.84亿m³。

表5-14　塔里木河干流不同河段生态保护及修复水量[①]　　　　　　单位：亿m³

河段	重点保护区	敏感保护区	重点修复区	一般修复区	合计
阿拉尔—英巴扎	0.86	1.22	3.58	6.06	11.72
英巴扎—恰拉	1.09	0.95	4.88	4.23	11.15
恰拉—台特玛湖	0.15	0.48	0.42	1.84	2.89
合计	2.11	2.65	8.87	12.12	25.75

---

① 由于数据精度问题，各分项之和与合计有微小差异。

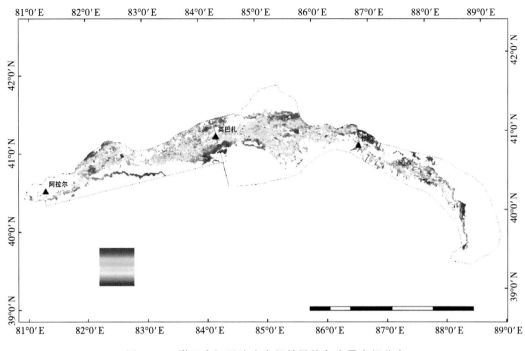

图5-20 塔里木河干流生态保护及修复水量空间分布

5.4.2 阿克苏河生态保护及修复水量

依照天然植被生态修复水量计算流程，结合天然植被基本生态需水量计算结果，根据不同修复区的恢复年限，以2020年为基准年，以2035年为中期规划目标年，计算出阿克苏河流域应维持的生态保护及修复水量（图5-21，表5-15）。根据统计结果，阿克苏河流域生态保护及修复总水量为2.44亿m³，其中协合拉—西大桥、沙里桂兰克—西大桥、西大桥—依玛帕夏分别为0.15亿m³、0.22亿m³、2.06亿m³。协合拉—西大桥河段保护区生态保护及修复水量为0.04亿m³，其中重点保护区0.03亿m³、敏感保护区0.01亿m³；修复区生态保护及修复水量为0.11亿m³，其中重点修复区0.06亿m³、一般修复区0.05亿m³。沙里桂兰克—西大桥河段保护区生态保护及修复水量为0.06亿m³，其中重点保护区0.03亿m³、敏感保护区0.03亿m³；修复区生态保护及修复水量为0.17亿m³，其中重点修复区0.08亿m³、一般修复区0.09亿m³。西大桥—依玛帕夏河段河岸带生态保护及修复需水总量为0.21亿m³，其中：保护区生态保护及修复水量为0.05亿m³，包括重点保护区0.04亿m³、敏感保护区0.01亿m³；修复区生态保护及修复水量为0.16亿m³，包括重点修复区0.13亿m³、一般修复区0.03亿m³。西大桥—依玛帕夏河段过渡带生态保护及修复需水总量为1.85亿m³，其中：保护区生态保护及修复水量为0.73亿m³，包括重点保护区0.47亿m³、敏感保护区0.26亿m³；修复区生态保护及修复水量为1.12亿m³，包括重点修复区0.75亿m³、一般修复区0.37亿m³。

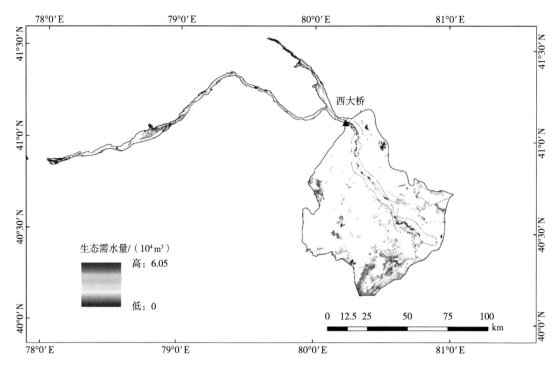

图5-21 阿克苏河流域生态保护及修复水量空间分布

表5-15 阿克苏河流域不同河段生态保护及修复水量   单位：亿m³

区域	河段	重点保护区	敏感保护区	重点修复区	敏感修复区	合计
河岸带	协合拉—西大桥	0.03	0.01	0.06	0.05	0.15
	沙里桂兰克—西大桥	0.03	0.03	0.08	0.09	0.22
	西大桥—依玛帕夏	0.04	0.01	0.13	0.03	0.21
	合计	0.11	0.05	0.26	0.16	0.58
过渡带	协合拉—西大桥					
	沙里桂兰克—西大桥					
	西大桥—依玛帕夏	0.47	0.26	0.75	0.37	1.85
	合计	0.47	0.26	0.75	0.37	1.85

5.4.3 和田河生态保护及修复水量

依照天然植被生态修复水量计算流程，结合天然植被基本生态需水量计算结果，根据不同修复区的恢复年限，以2020年为基准年，以2035年为中期规划目标年，计算出和田河流域应维持的生态保护及修复水量（图5-22，表5-16）。根据统计结果，和田河流域生态保护及修复需水总量为8.76亿m³，其中喀拉喀什河渠首—肖塔、玉龙喀什河渠首—阔什拉什、阔什拉什—肖塔河段分别为4.69亿m³、0.38亿m³、3.69亿m³。喀拉喀什河渠首—阔什拉什河段河岸带生态保护及修复水量为0.41亿m³，其中：保护区生态保护及修复水量为0.09亿m³，包括重点保护区0.05亿m³、敏感保护区0.04亿m³；修复区生态保护及修复水量为0.32亿m³，包括重点修复区0.16亿m³、一般修复区0.16亿m³。玉龙喀什河渠首—阔什拉什河段河岸带生态保护及修复水量为0.38亿m³，其中：保护区生态保护及修复水量为0.09亿m³，包括重点保护区0.06亿m³、敏感保护区0.03亿m³；修复区生态保护及修复水量为0.29亿m³，包括重点修复区0.17亿m³、一般修复区0.12亿m³。阔什拉什—肖塔河段河岸带生态保护及修复水量为3.69亿m³，其中：保护区生态保护及修复水量为1.15亿m³，包括重点保护区0.15亿m³、敏感保护区1.00亿m³；修复区生态保护及修复水量为2.53亿m³，包括重点修复区0.32亿m³、一般修复区2.21亿m³。

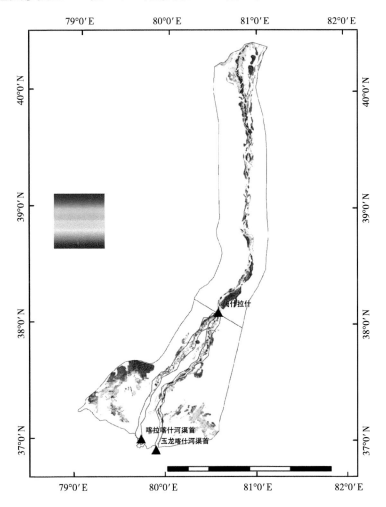

图5-22　和田河流域生态保护及修复水量空间分布

表5-16　和田河流域不同河段生态保护及修复水量　　　　单位：亿m³

区域	河段	重点保护区	敏感保护区	重点修复区	敏感修复区	合计
河岸带	喀拉喀什河渠首—肖塔	0.05	0.04	0.16	0.16	0.41
	玉龙喀什河渠首—阔什拉什	0.06	0.03	0.17	0.12	0.38
	阔什拉什—肖塔	0.15	1.00	0.32	2.21	3.69
	合计	0.26	1.08	0.65	2.50	4.48
过渡带	喀拉喀什河渠首—肖塔	0.34	0.98	0.59	2.37	4.28
	玉龙喀什河渠首—阔什拉什					
	阔什拉什—肖塔					
	合计	0.34	0.98	0.59	2.37	4.28

5.4.4　叶尔羌河生态保护及修复水量

依照天然植被生态修复水量计算流程，结合天然植被基本生态需水量计算结果，根据不同修复区的恢复年限，以2020年为基准年，以2035年为中期规划目标年，计算出叶尔羌河流域应维持的生态保护及修复水量（图5-23，表5-17）。根据统计结果，叶尔羌河流域生态保护及修复总水量为15.43亿m³，其中喀群—艾力克他木、艾力克他木—黑尼亚孜河段分别为9.19亿m³、6.24亿m³。喀群—艾力克他木河段河岸带生态保护及修复水量为2.68亿m³，其中：保护区生态保护及修复水量为0.88亿m³，包括重点保护区0.70亿m³、敏感保护区0.18亿m³；修复区生态保护及修复水量为1.80亿m³，包括重点修复区1.34亿m³，一般修复区为0.46亿m³。喀群—艾力克他木河段过渡带生态保护及修复水量为6.51亿m³，其中：保护区生态保护及修复水量为1.89亿m³，包括重点保护区1.01亿m³、敏感保护区0.88亿m³；修复区生态保护及修复水量为4.62亿m³，包括重点修复区为2.02亿m³、一般修复区2.60亿m³。艾力克他木—黑尼亚孜河段河岸带生态保护及修复水量为4.57亿m³，其中：保护区生态保护及修复水量为1.58亿m³，包括重点保护区0.63亿m³、敏感保护区0.95亿m³；修复区生态保护及修复水量为2.99亿m³，包括重点修复区0.73亿m³、一般修复区2.26亿m³。艾力克他木—黑尼亚孜河段过渡带生态保护及修复水量为1.67亿m³，其中：保护区生态保护及修复水量为0.36亿m³，包括重点保护区0.18亿m³、敏感保护区0.18亿m³；修复区生态保护及修复水量为1.31亿m³，包括重点修复区0.48亿m³、一般修复区0.83亿m³。

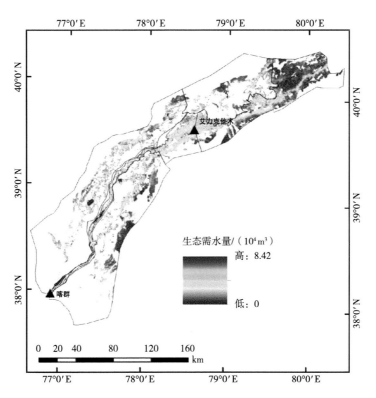

图5-23　叶尔羌河流域生态保护及修复水量空间分布

表5-17　叶尔羌河流域不同河段生态保护及修复水量　　　　　　　　单位：亿m³

区域	河段	重点保护区	敏感保护区	重点修复区	敏感修复区	合计
河岸带	喀群—艾力克他木	0.70	0.18	1.34	0.46	2.68
	艾力克他木—黑尼亚孜	0.63	0.95	0.73	2.26	4.57
	合计	1.33	1.14	2.06	2.72	7.25
过渡带	喀群—艾力克他木	1.01	0.88	2.02	2.60	6.51
	艾力克他木—黑尼亚孜	0.18	0.18	0.48	0.83	1.67
	合计	1.19	1.06	2.50	3.43	8.18

5.4.5　开都—孔雀河生态保护及修复水量

依照天然植被生态修复水量计算流程，结合天然植被基本生态需水量计算结果，根据不同修复区的恢复年限，以2020年为基准年，以2035年为中期规划目标年，计算出开都—孔雀河流域应维持的生态保护及修复水量（图5-24，表5-18）。根据统计结果，开都—孔雀河流域生态保护及修复水量为8.38亿m³，其中大山口—宝浪苏木（含博斯腾湖）、塔什店—阿克苏甫、阿克苏甫以下河段分别为4.78亿m³、2.15亿m³、1.47亿m³。

大山口—宝浪苏木（含博斯腾湖）河段河岸带生态保护及修复水量为0.06亿m³，其中：保护区生态保护及修复水量为0.02亿m³，包括重点保护区0.01亿m³、敏感保护区0.01亿m³；修复区生态保护及修复水量为0.4亿m³，包括重点修复区0.02亿m³、一般修复区0.02亿m³。大山口—宝浪苏木（含博斯腾湖）河段过渡带生态保护及修复水量为4.72亿m³，其中：保护区生态保护及修复水量为1.73亿m³，包括重点保护区0.31亿m³，敏感保护区1.42亿m³；修复区生态保护及修复水量为2.99亿m³，包括重点修复区1.55亿m³、一般修复区1.44亿m³。

塔什店—阿克苏甫河段河岸带生态保护及修复水量为0.32亿m³，其中：保护区生态保护及修复水量为0.05亿m³，包括重点保护区0.02亿m³、敏感保护区0.03亿m³；修复区生态保护及修复水量为0.27亿m³，包括重点修复区0.09亿m³、一般修复区0.18亿m³。塔什店—阿克苏甫河段过渡带生态保护及修复水量为1.83亿m³，其中：保护区生态保护及修复水量为0.57亿m³，包括重点保护区0.09亿m³、敏感保护区0.48亿m³；修复区生态保护及修复水量为1.26亿m³，包括重点修复区0.02亿m³、一般修复区1.04亿m³。

阿克苏甫以下河段河岸带生态保护及修复水量为1.47亿m³，其中：保护区生态保护及修复水量为0.23亿m³，包括重点保护区0.01亿m³、敏感保护区0.22亿m³；修复区生态保护及修复水量为1.25亿m³，包括重点修复区0.04亿m³、一般修复区1.21亿m³。

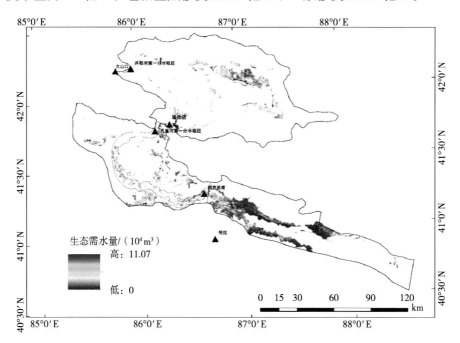

图5-24 开都—孔雀河流域生态保护及修复水量空间分布

表5-18 开都—孔雀河流域不同河段生态保护及修复水量 单位：亿m³

区域	河段	重点保护区	敏感保护区	重点修复区	敏感修复区	合计
河岸带	大山口—宝浪苏木（含博斯腾湖）	0.01	0.01	0.02	0.02	0.06
	塔什店—阿克苏甫	0.02	0.03	0.09	0.18	0.32
	阿克苏甫以下	0.01	0.22	0.04	1.21	1.47
	合计	0.04	0.25	0.15	1.41	1.85
过渡带	大山口—宝浪苏木（含博斯腾湖）	0.31	1.42	1.55	1.44	4.72
	塔什店—阿克苏甫	0.09	0.48	0.20	1.04	1.83
	阿克苏甫以下					
	合计	0.40	1.90	1.75	2.48	6.53

5.4.6 喀什噶尔河生态保护及修复水量

依照天然植被生态修复水量计算流程，结合天然植被基本生态需水量计算结果，根据不同修复区的恢复年限，以2020年为基准年，以2035年为中期规划目标年，计算出喀什噶尔河流域应维持的生态保护及修复水量（图5-25，表5-19）。根据统计结果，喀什噶尔河流域生态保护及修复需水总量为7.48亿m³，其中保护区和修复区生态保护及修复水量分别为1.39亿m³和5.09亿m³，包括重点保护区0.99亿m³、敏感保护区1.4亿m³、重点修复区1.66亿m³、一般修复3.43亿m³。

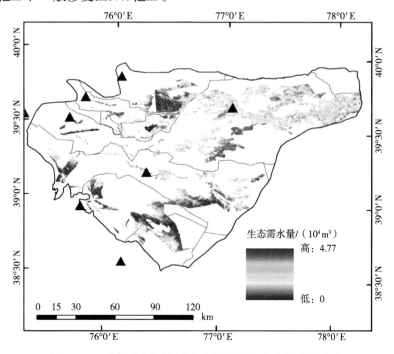

图5-25 喀什噶尔河流域生态保护及修复水量空间分布

表5-19 喀什噶尔河流域生态保护及修复水量 单位：亿m³

河流	重点保护区	敏感保护区	重点修复区	一般修复区	合计
布谷孜河	0.08	0.19	0.09	0.36	0.71
盖孜河	0.28	0.22	0.47	0.51	1.48
克孜河	0.46	0.64	0.81	1.99	3.90
库山河	0.06	0.18	0.08	0.25	0.57
恰克马克河	0.02	0.02	0.05	0.05	0.14
吐曼河	0.04	0.03	0.08	0.07	0.21
依格孜牙河	0.05	0.12	0.08	0.21	0.46
合计	0.99	1.40	1.66	3.43	7.48

5.4.7　迪那河生态保护及修复水量

依照天然植被生态修复水量计算流程，结合天然植被基本生态需水量计算结果，根据不同修复区的恢复年限，以2020年为基准年，以2035年为中期规划目标年，计算出迪那河流域应维持的生态保护及修复水量（图5-26，表5-20）。根据统计结果，迪那河流域生态保护及修复需水总量为2.06亿m³，其中保护区和修复区生态保护及修复水量分别为0.37亿m³和1.70亿m³，包括重点保护区0.17亿m³、敏感保护区0.20亿m³、重点修复区0.85亿m³、一般修复区0.85亿m³。

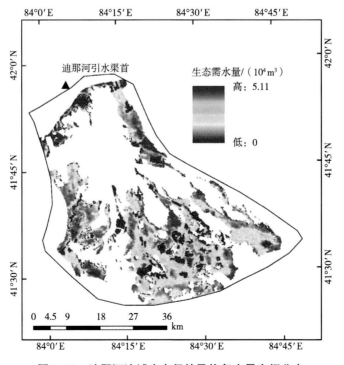

图5-26　迪那河流域生态保护及修复水量空间分布

表5-20　迪那河流域生态保护及修复水量　　　　　　　　　单位：亿m³

重点保护区	敏感保护区	重点修复区	一般修复区	合计
0.17	0.20	0.85	0.85	2.06

5.4.8　车尔臣河生态保护及修复水量

依照天然植被生态修复水量计算流程，结合天然植被基本生态需水量计算结果，根据不同修复区的恢复年限，以2020年为基准年，以2035年为中期规划目标年，计算出车尔臣河流域应维持的生态保护及修复水量（图5-27，表5-21）。根据统计结果，车尔臣河流域生态保护及修复需水总量为3.58亿m³。大石门—塔提让河岸带生态保护及修复水量为2.24亿m³，包括重点保护区0.19亿m³、敏感保护区0.33亿m³、重点修复区0.52亿m³、一般修复区1.20亿m³。塔提让—台特玛湖过渡带生态保护及修复水量为1.34亿m³，包括重点保护区0.14亿m³、敏感保护区0.27亿m³、重点修复区0.20亿m³、一般修复区0.72亿m³。

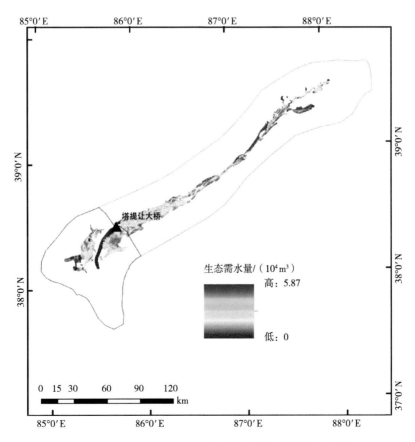

图5-27　车尔臣河流域生态保护及修复水量空间分布

表5-21　车尔臣河流域生态保护及修复水量　　　　　　单位：亿m³

区域	河段	重点保护区	敏感保护区	重点修复区	敏感修复区	合计
河岸带	大石门—塔提让	0.19	0.33	0.52	1.20	2.24
	塔提让—台特玛湖					
	合计	0.19	0.33	0.52	1.20	2.24
过渡带	大石门—塔提让					
	塔提让—台特玛湖	0.14	0.27	0.20	0.72	1.34
	合计	0.14	0.27	0.20	0.72	1.34

5.4.9　渭干—库车河生态保护及修复水量

依照天然植被生态修复水量计算流程，结合天然植被基本生态需水量计算结果，根据不同修复区的恢复年限，以2020年为基准年，以2035年为中期规划目标年，计算出渭干—库车河流域应维持的生态保护及修复水量（图5-28，表5-22）。根据统计结果，渭干—库车河流域生态保护及修复需水总量为5.32亿m³，包括重点保护区0.49亿m³、敏感保护区0.50亿m³、重点修复区2.26亿m³、一般修复区2.07亿m³。

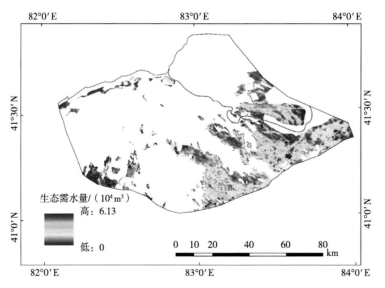

图5-28　渭干—库车河流域生态保护及修复水量空间分布

表5-22　渭干—库车河流域生态保护及修复水量　　　　　　单位：亿m³

河流	重点保护区	敏感保护区	重点修复区	一般修复区	合计
库车河	0.11	0.18	0.19	0.33	0.81
渭干河	0.38	0.32	2.07	1.74	4.50
合计	0.49	0.50	2.26	2.07	5.32

5.4.10 克里雅河生态保护及修复水量

依照天然植被生态修复水量计算流程，结合天然植被基本生态需水量计算结果，根据不同修复区的恢复年限，以2020年为基准年，以2035年为中期规划目标年，计算出克里雅河流域应维持的生态保护及修复水量（图5-29，表5-23）。根据统计结果，克里雅河流域生态保护及修复需水总量为2.75亿m³。公安渠首以下过渡带生态保护及修复水量为1.48亿m³，包括重点保护区0.27亿m³、敏感保护区0.15亿m³、重点修复区0.69亿m³、一般修复区0.38亿m³。克里雅保护区河岸带生态保护及修复水量为1.27亿m³，包括重点保护区0.08亿m³、敏感保护区0.27亿m³、重点修复区0.15亿m³、一般修复区0.76亿m³。

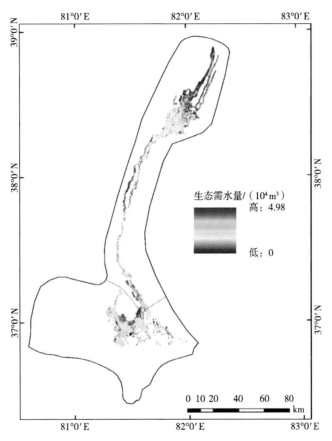

图5-29 克里雅河流域生态保护及修复水量空间分布

表5-23 克里雅河流域生态保护及修复水量　　　　　　　　　　　　单位：亿m³

区域	河段	重点保护区	敏感保护区	重点修复区	敏感修复区	合计
	公安渠首以下					
河岸带	克里雅保护区	0.08	0.27	0.15	0.76	1.27
	合计	0.08	0.27	0.15	0.76	1.27

（续表）

区域	河段	重点保护区	敏感保护区	重点修复区	敏感修复区	合计
过渡带	公安渠首以下克里雅保护区	0.27	0.15	0.69	0.38	1.48
	合计	0.27	0.15	0.69	0.38	1.48

5.4.11　塔里木河流域生态保护及修复水量

根据塔里木河流域"九源一干"生态保护及修复水量计算结果（表5-24，图5-30），流域生态保护及修复需水总量为77.02亿m³，其中，河岸带为42.92亿m³，过渡带为34.10亿m³，占比分别为55.73%、44.27%。

表5-24　塔里木河流域"九源一干"生态保护及修复水量　　　　单位：亿m³

区域	塔里木河干流	阿克苏河	和田河	叶尔羌河	开都—孔雀河	喀什噶尔河	迪那河	车尔臣河	渭干—库车河	克里雅河	合计
河岸带	25.75	0.58	4.48	7.25	1.35			2.24		1.27	42.92
过渡带		1.85	4.28	8.13	2.16	7.48	2.06	1.34	5.32	1.48	34.10
合计	25.75	2.43	8.76	15.38	3.51	7.48	2.06	3.58	5.32	2.75	77.02

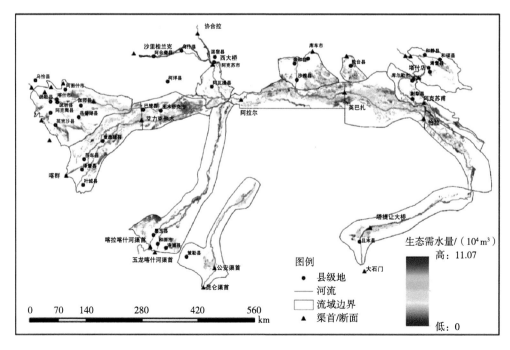

图5-30　塔里木河流域"九源一干"生态保护及修复水量空间分布

第6章

塔里木河流域河道内生态需水量及重复水量计算

6.1 河道内生态需水量

6.1.1 塔里木河干流河道内生态需水量

6.1.1.1 数据收集及研究方法

（1）数据来源

本节采用位于干流源头阿拉尔、干流上游段新渠满、上中游分界点英巴扎、中游段乌斯满以及中下游分界点恰拉等水文站1957—2016年的逐月径流量数据，数据由新疆塔里木河流域管理局提供，且数据与《新疆塔里木河流域综合规划》（2023年，新疆水利水电勘测设计研究院有限责任公司完成）一致。结合塔里木河干流已批复生态流量目标，本节仅对阿拉尔、英巴扎、恰拉及大西海子断面提出生态水量要求。同时，计算新渠满、乌斯满及阿其克3个监测断面的基本生态水量，作为生态水调控的参考依据。

（2）研究方法

根据《全国水资源调查评价生态水量调查评价补充技术细则（试行）》，基本生态环境需水量是河湖生态需水量的底限，主要包括生态水量、敏感期生态需水量、不同时段需水量和全年需水量等指标。根据《新疆内陆河湖基本生态流量（水量）确定技术指南（试行）》，本次河湖生态水量包括基本生态水量和重要保护对象的生态需水量两个部分，季节性河段可根据汛期断流和不断流两种情况，对不断流河段制定汛期基本生态水量，对断流河段制定敏感期基本水量（或流量）指标。结合要求及塔里木河干流实际特点，本节将满足基本生态环境需水量时河道内径流的水量定义为基本生态水量。为此，本节基于塔里木河干流1957—2016年逐月径流量数据，参考《河湖生态环境需水计算规范》（SL/T 712—2021）推荐方法，计算塔里木河干流上中游的基本生态水量。

①水文学方法。

塔里木河干流作为纯耗散型河流，主要依靠阿克苏河、和田河与叶尔羌河的汇入补给，其汛期较源流存在明显的滞后。塔里木河干流来水（阿拉尔断面）多集中在7—9

月，多年来水量均值占比达全年来水量的70%以上，其他月份中，仅6月来水量均值占比超过5%（5.25%）。为此，塔里木河干流汛期为7—9月，而非汛期则为10月至翌年6月。

根据前文塔里木河干流水文情势变化过程分析，塔里木河干流为季节性河流，河流不同河段均有不同程度的断流情况发生。根据1957—2020年塔里木河干流各断面径流断流月份统计结果（图6-1），阿拉尔断面在3月、4月、5月、6月和7月（汛期）均出现断流，阿拉尔断流最长时间超过50 d（1972年6—8月），在其他月份未出现断流；新渠满断面仅在3月、4月、5月（非汛期）出现断流（2018年），在其他月份未出现断流，英巴扎断面除在8月和9月（汛期）未出现断流，在其他月份均出现断流；乌斯满仅在8月（汛期）未出现断流，恰拉断面全年均出现断流。

参考《新疆内陆河湖基本生态水量（流量）确定技术指南（试行）》，对季节性断流河段制定敏感期基本生态水量（或流量）目标。因此，根据塔里木河实际特点，对阿拉尔、英巴扎、恰拉和大西海子4个考核断面分别制定基本生态水量（或流量）指标，对新渠满、乌斯满、阿其克断面提出相应的基本生态水量（或流量）参考指标，用作河流生态水量监测、预警和调控依据。根据《河湖生态环境需水计算规范》（SL/T 712—2021），结合塔里木河水文过程特点及资料收集情况，采用不同频率最枯月平均值法（Q_p法）计算塔里木河干流上中游断面（阿拉尔、新渠满、英巴扎和乌斯满）基本生态水量，根据《河湖生态环境需水计算规范》（SL/T 712—2021），采用Q_p法计算河流基本生态水量时频率设置为90%，并利用坦南特（Tennant）法评价最终计算结果的合理性。

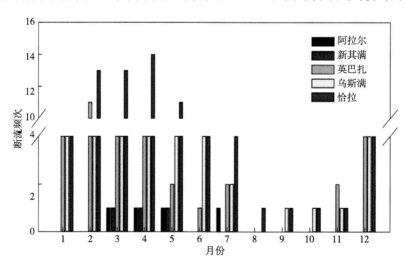

图6-1　1957—2020年塔里木河干流各断面断流频次

Q_p法：根据塔里木河干流实际情况，将塔里木河干流划分为汛期和非汛期，其中非汛期10月至翌年6月径流量数据作为核算依据；汛期以7—9月径流量数据作为核算依据近10年最枯月平均流量法。根据《河湖生态环境需水计算规范》（SL/T 712—2021），对于缺乏长系列水文资料的河流断面，可采用此方法进行计算。

Tennant法：Tennant法是国际上应用较为普遍的对河道生态需水量计算结果进行验证的方法。根据前文塔里木河干流径流突变分析结果，采用还原径流资料进行分析评价。依据Tennant法分类方法标准，结合塔里木河水资源利用现状，将年内划分为一般用水期和用水敏感期，以不同用水期相应的多年年均天然径流量百分比作为河流需水量的评价标准（表6-1）。

表6-1　不同河道内生态环境状况对应的多年年均天然径流量百分比

河道内生态环境状况	占多年年均天然径流量百分比/%（年内较枯时段）	占多年年均天然径流量百分比/%（年内较丰时段）
最大	200	200
最佳	60～100	60～100
极好	40	60
非常好	30	50
好	20	40
中	10	30
差	10	10
极差	0～10	0～10

②水力学方法。

湿周法（wetted perimeter method）是利用湿周（过水断面上，河槽被水流浸湿部分的周长）作为衡量栖息地指标的质量来估算河道内流量的最小值。湿周通常随着河流流量的增大而增加，当湿周超过某一临界值后，河流流量的大幅度增加也只能导致湿周的微小变化，即河流湿周存在一个临界值。保护好临界湿周区域，也就能满足河道需水的最低要求。由于受人类活动影响程度的增加，下游段在20世纪70年代以后，多年断流，缺乏连续的、受人为影响较小的径流资料，水文学方法使用受到限制，因此，选取水力学方法中的湿周法对下游段河道最小生态需水量进行计算。

6.1.1.2　水文情势变化过程分析

在干旱区内陆河流域，水资源是制约绿洲生态系统发展最为重要的控制性环境因子。为维系绿洲生态系统的稳定性，计算河流的生态水量，首先需要探讨水资源的变化规律。干旱区地表径流是一个复杂的非线性系统，包含趋势、周期、突变、分形等变化特征。

（1）源流地表径流趋势和突变分析

阿克苏河、叶尔羌河、上游"三源流"径流存在显著增加的趋势（图6-2）；和田河径流存在先减少后增加的趋势，其干流径流存在减少的趋势，但变化趋势不显著。在研究时段内，阿克苏河、叶尔羌河、上游"三源流"径流的正序列的趋势统计量（U_{F_k}线）基本保持在零水平线以上，说明径流有增加的趋势；并且三者的U_{F_k}线分别于1994年、2014年、2005年超出1.96显著性水平线，说明径流增加趋势显著。对于和田河，其径流的U_{F_k}线在1972年以前在零水平线上下波动，1972年以后基本保持在零水平线以下，自2011年以后又超过零水平线，但其U_{F_k}线始终在两显著性水平线范围内，这说明，和田河径流整体存在下降的趋势，2011年以后又开始有增加的趋势，但在研究时段内变化趋势不显著。

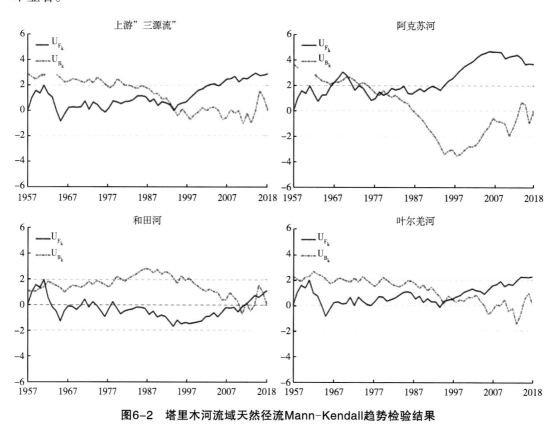

图6-2　塔里木河流域天然径流Mann-Kendall趋势检验结果

利用佩蒂特（Pettitt）检验方法对阿克苏河、叶尔羌河、和田河、上游"三源流"天然径流系列突变点进行检验，结果见表6-2。阿克苏河、叶尔羌河和上游"三源流"的径流在研究时段内均存在显著突变，和田河径流存在一定的突变，但突变不显著。这与图6-2反映的情况基本一致，在图6-2中，阿克苏河、叶尔羌河和上游三源流径流的U_{F_K}线和U_{B_K}线存在明显的交叉，并且交叉之后又明显分离，而且交叉点均在两显著性水平线范围内，表明其存在比较明显的突变；而和田河径流的U_{F_k}线和U_{B_k}线虽然存在交叉，但并未分离，表明其没有明显的突变。Pettitt检验结果显示，阿克苏河、叶尔羌河和上游三源流的突变时间比较一致，均发生在1993年。和田河径流的突变点发生在2000年，突变在统计意义上不显著。

134

表6-2　塔里木河流域天然径流序列突变点Pettitt检验结果

河流	Pettitt检验		
	P值	是否显著	突变年份
阿克苏河	0.00	是	1993
叶尔羌河	0.05	是	1993
和田河	0.25	否	2000
上游"三源流"	0.00	是	1993

　　根据Pettitt检验结果，确定塔里木河流域大多数径流的突变发生在1993年，并且突变在统计学意义上显著。和田河径流的突变点与其他河流不一致，其突变也不显著。因此，将1993年作为塔里木河"三源一干"径流突变发生的年份，把1993年、2000年、2010年作为划分点，将整个研究时段划分为不同的子时段，研究天然径流的变化。时段划分情况如表6-3所示。

表6-3　塔里木河流域径流趋势分析时段划分

划分点	时段系列	时段名称	含义
1993年	1957—1993年	时段1	作为径流显著增加前状况
	1994—2018年	时段2	作为径流显著增加后状况
2000年	1957—2000年	时段3	作为20世纪后50年径流状况
	2001—2018年	时段4	作为21世纪前20年径流状况
2010年	2011—2018年	时段5	作为近年径流状况

　　对不同时段天然径流系列进行计算，结果见表6-4。

表6-4　塔里木河源流年际变化分析

河流	径流量/亿m³					时段2相对时段1	
	时段1	时段2	时段3	时段4	时段5	差值/亿m³	变幅/%
阿克苏河	71.72	85.02	75.06	81.66	75.17	13.30	18.50
叶尔羌河	63.80	72.65	65.38	72.17	76.02	8.86	13.90
和田河	43.31	48.12	43.41	49.94	53.86	4.81	11.10
上游"三源流"	131.67	149.96	135.49	147.45	148.31	18.29	13.90

（续表）

河流	时段4相对时段3		时段5相对时段1		时段5相对时段3	
	差值/亿m³	变幅/%	差值/亿m³	变幅/%	差值/亿m³	变幅/%
阿克苏河	6.60	8.8	3.45	4.8	0.11	0.1
叶尔羌河	6.80	10.4	12.23	19.2	10.64	16.3
和田河	6.53	15.0	10.55	24.4	10.45	24.1
上游"三源流"	11.96	8.8	16.64	12.6	12.82	9.5

由表6-4可知，1994年后塔里木河"三源流"来水径流量有增加趋势。由时段1的131.67亿m³增加到时段2的149.96亿m³，增加18.29亿m³，增加幅度为13.9%。1993年后塔里木河上游"三源流"阿克苏河、和田河、叶尔羌河来水径流量均有增加趋势。其中，阿克苏河增加趋势最为明显，由时段1的71.72亿m³增加到时段2的85.02亿m³，增加了13.30亿m³，增加幅度为18.5%；其次是叶尔羌河，由时段1的63.80亿m³增加到时段2的72.65亿m³，增加了8.85亿m³，增加幅度为13.9%；最后是和田河，由时段1的43.31亿m³增加到时段2的48.12亿m³，增加了4.81亿m³，增加幅度为11.1%。

将近年径流状况（时段5）与径流趋势增加前（时段1）进行比较发现，近几年塔里木河上游三源流阿克苏河、和田河、叶尔羌河来水径流量均有增加趋势。其中，和田河增加趋势最为明显，增加幅度为24.4%；其次是叶尔羌河，增加幅度为19.2%；最后是阿克苏河，增加幅度仅为4.8%。时段3与时段4径流对比，时段4塔里木河上游阿克苏河、和田河、叶尔羌河来水径流量均有增加趋势。其中，和田河增加趋势最为明显，增加幅度为15.0%；其次是叶尔羌河，增加幅度为10.4%；最后是阿克苏河，增加幅度为8.8%。

从河流分布的地理位置看，阿克苏河位于塔里木河流域北部，水源为天山水系；叶尔羌河位于塔里木河流域西部，水源为昆仑山水系；和田河位于塔里木河流域南部，水源为喀喇昆仑山水系。1993年后径流量增加幅度由高到低依次为阿克苏河、叶尔羌河、和田河，即塔里木河流域北部、西部、南部径流量增加强度依次递减；而进入21世纪后特别是近年径流量增加幅度由高到低依次为和田河、叶尔羌河、阿克苏河，即塔里木河流域南部、西部、北部径流量增加强度依次递减。

（2）源流各水文站年内变化特点

利用塔里木河源流6个出山口的逐月径流资料，借助Mann-Kendall单调趋势检验对其各月份的变化特征予以分析（表6-5）。

表6-5　塔里木河源流月径流量的Mann-Kendall单调趋势

月份	协合拉		沙里桂兰克		喀群		玉孜门勒克		乌鲁瓦提		同古孜洛克	
	Z_0	H_0	Z_0	H_0	Z_0	H_0	Z_0	H_0	Z_0	H_0	Z_0	H_0
1	2.58	R	3.76	R	4.31	R	4.72	R	4.59	R	5.62	R
2	3.50	R	3.77	R	4.46	R	4.99	R	4.32	R	4.81	R
3	3.26	R	3.65	R	3.92	R	2.81	R	3.82	R	2.88	R
4	1.06	A	2.25	R	1.78	A	2.15	R	2.44	R	1.01	A
5	2.23	R	3.04	R	2.77	R	3.09	R	2.42	R	1.18	A
6	1.66	A	1.87	A	2.07	R	1.91	A	1.35	A	0.99	A
7	3.37	R	2.33	R	1.33	A	1.33	A	-1.02	A	0.65	A
8	2.94	R	0.77	A	0.06	A	0.98	A	-2.96	R	-0.39	A
9	1.57	A	1.81	A	0.65	A	2.34	R	0.75	A	1.36	A
10	2.49	R	2.68	R	2.79	R	3.48	R	3.62	R	2.61	R
11	3.28	R	2.5	R	3.86	R	4.55	R	4.46	R	3.78	R
12	2.77	R	3.54	R	3.81	R	4.51	R	4.92	R	4.2	R

注：Z_0是用于判断数据序列是否存在单调趋势的统计量；H_0是假设检验中的原假设，通常假设数据序列不存在单调趋势；R表示拒绝原假设；A表示接受原假设。

根据表6-5，在塔里木河三源流之一的阿克苏河，协合拉月径流量在4月、6月和9月的检验统计量皆小于$Z_{0.05}$（1.96），表明该水文站月径流在上述3个月份表现为不显著的增加趋势；而其他月份的检验统计量皆大于1.96，意味着在0.05检验水平下，该站月径流量在另外9个月份表现为显著增加。与协合拉相似，位于阿克苏河的沙里桂兰克径流量在6月、8月和9月增加趋势不明显，而其他月份径流量表现为显著增加，特别是在2月，检验统计量达到3.77，增加趋势最为明显。在叶尔羌河，喀群在4月、7—9月，玉孜门勒克在6—8月，月径流量在0.05检验水平下增加趋势不显著；而其他月份径流量在两水文站增加趋势明显。在和田河，乌鲁瓦提在6月表现为不显著的增加，而在7月转变为轻微的减少，特别是在8月，减少趋势在0.05检验水平下达到显著水平，但在9月又转变为轻微的增加趋势；其他月份径流量增加趋势皆表现为显著。位于和田河的同古孜洛克，4—9月的径流量变化趋势皆不明显，而其他月份在0.05检验水平下增加趋势显著。从上述分析可知，塔里木河源流山区不同水文站月径流量在不同月份的变化趋势不尽相同，这是由于河流径流量的变化不仅与气候变化关系密切，同时还受地理位置、河流补给条件、流域集水面积、冰川与积雪的分布特征等下垫面因素的综合影响。从源流总径流量的月变化特征来看（表6-6），6—9月的径流量呈不显著的增加趋势，而其他月份皆呈显著的增加趋势。根据研究，源流区6—9月气温上升趋势的检验统计量为2.13，而其他月份的检验统计量则高达4.76，因而导致6—9月径流量的增加强度弱于其他月份。

表6-6　塔里木河源流月径流量的Mann-Kendall单调趋势

显著性检验指标	1月	2月	3月	4月	5月	6月	7月	8月	9月	10月	11月	12月
Z_0	5.91	6.57	5.22	2.73	3.51	1.93	1.94	0.48	1.87	4.25	4.49	5.37
H_0	R	R	R	R	R	A	A	A	A	R	R	R

注：Z_0是用于判断数据序列是否存在单调趋势的统计量；H_0是假设检验中的原假设，通常假设数据序列不存在单调趋势；R表示拒绝原假设；A表示接受原假设。

根据图6-3，在塔里木河源流山区，塔里木河源流月径流量主要集中在气温较高与降水量偏多的5—10月，占年径流量的88.36%，其中7—9月（天然植被生长盛期）的径流量占年径流量66.07%，从而较好地实现了天然植被生态需水与河流供水在时间上的契合。在1—6月，其径流量占年径流量的25.77%，而10—12月仅占8.16%。

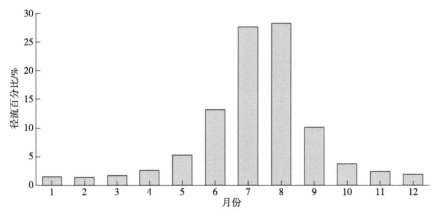

图6-3　塔里木河径流年内分布

（3）干流地表径流趋势变化

由于塔里木河干流受源流来水量及人类活动干扰较为强烈，其径流量周期变化存在很大的不确定性。因此，本研究利用塔里木河干流5个水文站1957—2018年的径流量数据，分析其年变化趋势及区间耗水特征（图6-4，表6-7）。

根据表6-7，在塔里木河干流，1957—2018年阿拉尔和新渠满年径流量呈不显著的减少趋势，而英巴扎、乌斯满、恰拉均表现为显著的下降趋势。特别在乌斯满，其检验统计量值达-5.43，在干流各水文站中下降趋势最为显著。

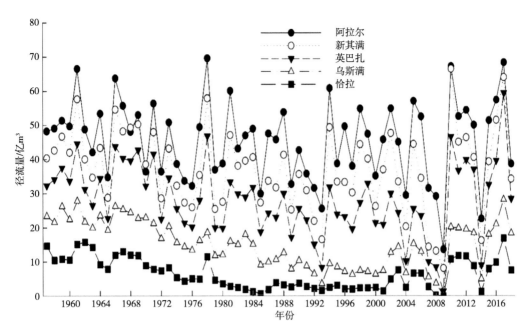

图6-4　塔里木河干流径流变化

表6-7　塔里木河干流径流Mann-Kendall单调趋势检验

河段	平均值/亿m³	Z_0	β	H_0	趋势
阿拉尔	45.4	-1.05	-0.09	A	微递减
新渠满	37.1	-1.83	-0.17	A	微递减
英巴扎	27.9	-2.76	-0.25	R	显著减少
乌斯满	14.7	-5.43	-0.32	R	显著减少
恰拉	6.6	-4.67	-0.13	R	显著减少

注：Z_0是用于判断数据序列是否存在单调趋势的统计量；H_0是假设检验中的原假设，通常假设数据序列不存在单调趋势；R表示拒绝原假设；A表示接受原假设。

（4）干流地表径流年内变化特征

根据图6-5，在塔里木河干流，1957—2018年月径流量主要集中在源流来水偏多的6—10月，占年径流量的80.9%，其中7—9月的径流量占年径流量70.8%，特别是在8月，占年径流量的36.5%。根据统计结果，1957—2016年，塔里木河干流阿拉尔及新渠满断面无断流月份，而英巴扎、乌斯满及恰拉断面则存在不同月份的断流，其中英巴扎除8月和9月外均有断流。根据统计结果，1957—2016年，英巴扎断面11月至翌年5月出现连续断流在7次以上，断流年份占到10%以上，且断流多集中在2005—2016年，如在2007—2010年连续4年出现断流。乌斯满仅在8月不存在断流，断流情况与英巴扎断面相似，而恰拉断面全年均出现断流月份，且11月至翌年5月出现连续断流达10余次。根据以上分析，将英巴扎、乌斯满和恰拉认定为季节性断面，而阿拉尔及新渠满为常有水断面。根据年内来水特点将7—9月划为塔里木河干流汛期，而其他月份为非汛期。

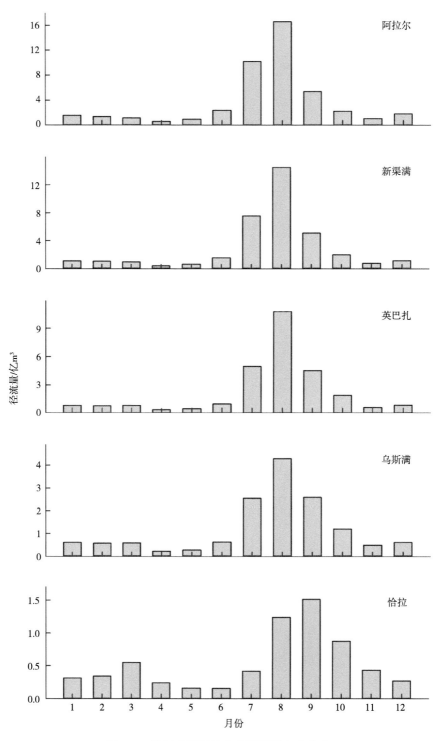

图6-5　塔里木河干流各断面径流年内分布

利用塔里木河干流阿拉尔水文站1957—2018年的地表径流量数据，分析了其年内变化趋势特征（表6-8）。由表6-8可知，1—3月干流径流量的检验统计量皆小于-2.58（$-Z_{0.01}=-2.58$），在0.01检验水平下呈极显著的减少趋势；其后的4月和5月则转变为显著的增加；然而在6—10月整体呈不显著的变化，11月、12月的地表径流呈现锐减（检验统计量分别达-6.85和-6.92）。

表6-8　塔里木河干流月径流量的Mann-Kendall单调趋势检验

显著性检验指标	1月	2月	3月	4月	5月	6月	7月	8月	9月	10月	11月	12月
Z_0	-5.82	-6.14	-5.75	2.27	4.51	0.39	-0.86	0.35	0.42	0.18	-6.85	-6.92
H_0	R	R	R	R	R	A	A	A	A	R	R	R

注：R表示拒绝原假设；A表示接受原假设。

（5）河段耗水量变化趋势分析

对塔里木河干流各区段耗水量（表6-9）进行分析，1957—2018年源流—阿拉尔河段区间耗水量呈显著的增加趋势；阿拉尔—新渠满、新渠满—英巴扎和英巴扎—乌斯满河段区间耗水量呈微递增趋势，而在乌斯满—恰拉河段区间耗水量转变为显著的下降趋势。

表6-9　塔里木河干流区间耗水量的Mann-Kendall单调趋势检验

河段	平均值/亿m³	Z_0	β	H_0	趋势
源流—阿拉尔	153.7	5.12	0.89	R	显著增加
阿拉尔—新渠满	8.4	1.36	0.03	A	微递增
新渠满—英巴扎	9.2	0.67	0.02	A	微递增
英巴扎—乌斯满	13.2	0.76	0.04	A	微递增
乌斯满—恰拉	8.2	-4.36	-0.13	R	显著降低

注：Z_0是用于判断数据序列是否存在单调趋势的统计量；H_0是假设检验中的原假设，通常假设数据序列不存在单调趋势；R表示拒绝原假设；A表示接受原假设。

（6）人类活动对径流量显著干扰点甄别

近半个世纪以来，人类活动对塔里木河水资源时空分配的影响显而易见，说明自然界水文循环演变和河流水文周期的固有规律受到人类活动的干扰，造成流域相关水文统计资料的不一致，而近似天然的径流水文资料是水文学方法求算河道生态水量的基本要求。因此，甄别受人类活动影响较小的径流序列成为本小节求算干流河道生态水量的关键。

　　流域不同河段区间耗水量在不受人类活动影响情况下，短时间尺度内基本为恒定值，主要包括蒸发、下渗和河道外植被耗水等。人类生产和生活用水大大加剧了河段区间耗水。因此，可以通过河段区间耗水量的大小反映人类活动干扰的强弱。本小节依托有实测径流资料的三源流出山口协合拉、沙里桂兰克、玉孜门勒克、瓦群、乌鲁瓦提和同古孜洛克6个水文站和阿拉尔、新渠满、英巴扎和乌斯满4个水文站，根据源流—阿拉尔、阿拉尔—新渠满、新渠满—英巴扎和英巴扎—乌斯满4个区间1957—2018年耗水量（两断面年径流量差值）序列，采用累积距平法推求人类活动对径流干扰的最优分割点（图6-6），分割点前可以认为是受人类影响较小的近似天然径流量。

　　通过塔里木河源流和干流1957—2018年4个河段区间耗水量序列，求算各河段区间人类活动干扰的突变点。结果表明，近60年来源流—阿拉尔和新渠满—英巴扎受人类活动显著干扰点为1993年，干流阿拉尔—新渠满和英巴扎—乌斯满则为1976年（图6-2）。

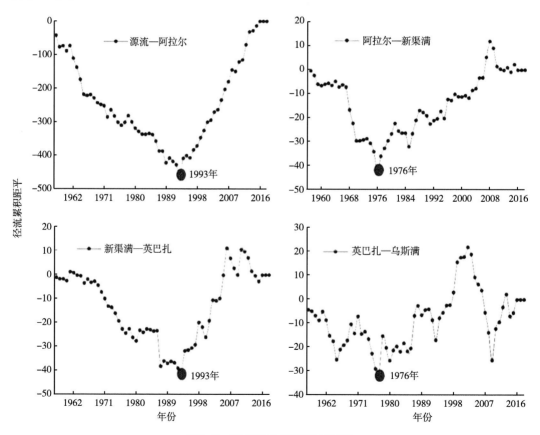

图6-6　区间耗水量突变点甄别

　　上游段径流序列受人类活动影响发生突变，必然导致下游段径流序列固有规律发生变化。图6-5表明，干流上游阿拉尔—新渠满河段区间耗水量受人类活动影响最早发生突变（1976年），源流区和其他河段相对滞后。因此，本小节以1976年作为干流径流人类活动的干扰突变点，将1957—1976年的径流序列作为求算河道生态水量的依据。同时，对4个河段进行Mann-Whitney突变检验（图6-7），干流阿拉尔—新渠满河段区间耗水量差异显著（$Z_w=2.70>1.96$），说明将1976年作为人类活动影响强弱的分割点是合理的。研究表明，塔里木河三源流径流水文周期为17年。因此，20年的径流资料基本能够反映河流径流变化的固有规律。

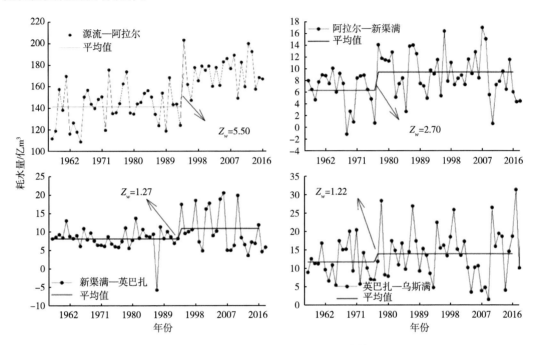

图6-7　塔里木河流域河段耗水量突变检验

（7）小结

"三源流"天然径流在20世纪90年代存在突变；源流6—9月的总径流量呈不显著的增加趋势，而其他月份皆呈显著的增加趋势；月径流量主要集中在气温较高与降水量偏多的5—10月，占年径流量的88.36%，其中7—9月（天然植被生长盛期）的径流量占年径流量66.07%。

在塔里木河干流，1957—2018年阿拉尔和新渠满年径流量呈不显著的减少趋势，而其下英巴扎、乌斯满、恰拉均表现为显著的下降趋势；月径流量主要集中在源流来水偏多的6—10月，占年径流量的80.9%，其中7—9月（天然植被生长盛期）的径流量占年径流量70.8%。

6.1.1.3　上中游典型水文断面基本生态水量

（1）水文系列还原

河流生态基流是保障河流生态系统遭受损害后可恢复的下限。当河道中的径流过程小于河道在自然条件下的基本生态需水量时，河道的水文条件超过了生态系统和一些物种的耐受能力，会导致某些物种消失、种群结构发生变化，生态系统可能遭受不可恢复的破坏。对于塔里木河干流而言，应首先保障其河流水文特性的完整性，同时考虑塔里木河干流的水文特点（来水集中度、年内分布等）。塔里木河干流引水等统计数据不够完整（仅有2005年至今的数据），无法满足水文数据还原和基本生态水量计算的时间序列要求。根据前文水文情势分析，源流—阿拉尔河段区间耗水量在1993年发生突变而干流阿拉尔—新渠满、新渠满—英巴扎和英巴扎—乌斯满河段区间耗水量的突变年分别为1976年、1993年和1976年。因此，可认为1957—1993年源流—阿拉尔河段区间耗水量受人为影响水平较低，可将1957—1993年阿拉尔来水视作河流径流自然状态（>30年），将1957—1976年新渠满、英巴扎和乌斯满断面径流视作河流径流的天然状态（视作水文还原数据，20年）。

根据Q_p法计算要求，径流系列资料需保证30年以上，因此，需对新渠满、英巴扎和乌斯满断面径流数据进行还原。根据赵锐锋等（2012）对塔里木河干流区土地利用/覆被解译结果（基于1973年MSS遥感影像、1983年1∶10万航空遥感土地利用现状图、1990年和2000年的TM遥感影像数据），1973—1983年塔里木河干流耕地面积增加了$5.17 \times 10^4 \, hm^2$，耕地面积的迅速增加剧烈影响塔里木河干流农业引水，因此难以将新渠满、英巴扎和乌斯满断面径流数据视作天然径流数据。由于引水等数据的缺失和参证流域难以选取，径流系列资料的还原难以采用逐项调查还原法和比拟法等。由于阿拉尔天然径流数据序列超过30年（1957—1993年），因此，可利用流量相关法还原相关断面的径流数据。利用1957—1976年塔里木河干流上中游各断面的逐月径流数据构建各断面的径流关系（图6-8），对比各断面拟合公式的精度，选取阿拉尔—新渠满（图6-8a）、新渠满—英巴扎（图6-8d）、英巴扎—乌斯满（图6-8f）的径流关系模型，基于阿拉尔1977—1993年的逐月径流数据，还原其他断面径流数据。根据对比分析，新渠满、英巴扎和乌斯满还原后的断面径流数据较还原前数据分别增加了1.66亿m^3、5.02亿m^3和3.11亿m^3，根据塔里木河干流耕地分布和河流自然损耗规律，还原后结果符合塔里木河干流各河段耗水特性。最终，获取了1957—1993年塔里木河干流阿拉尔、新渠满、英巴扎和乌斯满断面的天然（还原）径流序列数据。

表6-10　塔里木河干流上中游断面还原后径流与未还原径流对比　　　　　　单位：亿m^3

断面	多年平均来水（1957—1993年）	还原后径流数据（1957—1993年）	差值
新渠满	37.77	39.43	1.66
英巴扎	26.70	31.72	5.02
乌斯满	16.99	20.10	3.11

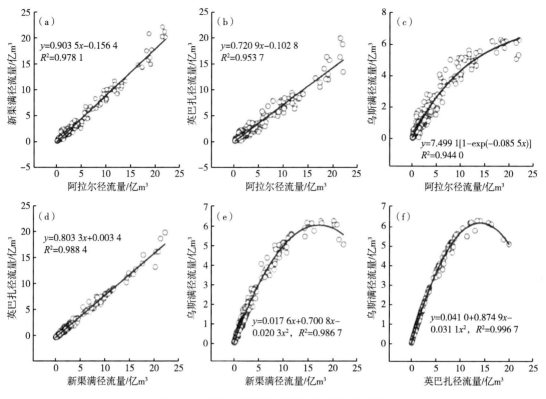

图6-8 塔里木河干流各断面天然径流关系

（2）断面基本生态水量

以1957—1993年塔里木河干流控制断面阿拉尔、英巴扎的实测数据与还原径流资料为计算依据，采用Q_p法（P=90%）和Tennant法（依据多年平均流量的10%和30%分别计算得到）计算求得各水文断面年内基本生态水量目标。

阿拉尔断面：利用1957—1993年阿拉尔逐月径流数据，分别筛选出阿拉尔断面汛期和非汛期最枯月的平均流量，借助皮尔逊（Pearson）-Ⅲ型曲线分别排频（图6-9，表6-11，图6-10，表6-12），并计算在P=90%时的流量。根据阿拉尔汛期最枯月径流量均值的水文频率分析曲线，其均值（E_x）为4.59亿m^3，变异系数（C_v）为0.47，偏差系数（C_s）与变差系数的比值（C_s/C_v）为2.36；而根据阿拉尔非汛期最枯月径流量均值的水文频率分析曲线，其均值为0.32亿m^3，C_v为0.55，C_s/C_v为2.73。根据排频结果，阿拉尔汛期最枯月90%频率时，汛期（7—9月）基本生态水量为6.63亿m^3，而非汛期（10月至翌年6月）基本生态水量为1.26亿m^3，年基本生态水量为7.89亿m^3。根据前文计算结果，1957—1993年阿拉尔多年平均径流量为45.72亿m^3（年均径流144.98 m^3/s），借助Tennant法，阿拉尔汛期（7—9月，共3个月）和非汛期（10月至翌年6月）基本生态流量分别为43.4 m^3/s和14.5 m^3/s，即基本生态水量分别为3.38亿m^3和3.38亿m^3，则年基本生态水量6.76亿m^3。

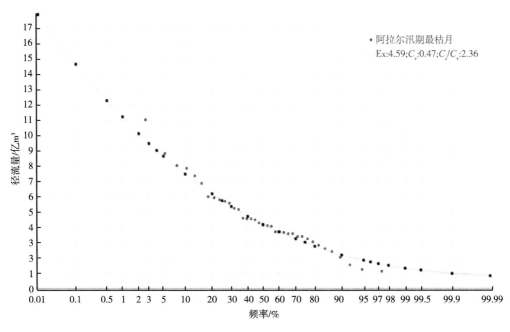

图6-9 阿拉尔断面汛期最枯月径流量均值的水文频率分析曲线

表6-11 阿拉尔断面汛期最枯月径流量均值的水文频率

年份	汛期最枯月径流量/亿m³	来水频率/%	年份	汛期最枯月径流量/亿m³	来水频率/%
1957	5.83	23.68	1976	1.55	92.11
1958	3.41	73.68	1977	3.66	63.16
1959	8.04	7.89	1978	5.99	18.42
1960	5.92	21.05	1979	4.16	50.00
1961	11.04	2.63	1980	4.60	36.84
1962	4.59	39.47	1981	2.84	81.58
1963	4.12	52.63	1982	3.59	65.79
1964	5.26	31.58	1983	4.57	42.11
1965	2.62	84.21	1984	5.60	28.95
1966	7.88	10.53	1985	2.43	86.84
1967	5.69	26.32	1986	1.26	94.74
1968	3.08	78.95	1987	5.17	34.21
1969	3.69	60.53	1988	4.49	44.74
1970	8.86	5.26	1989	4.07	55.26
1971	6.88	15.79	1990	3.26	76.32
1972	4.31	47.37	1991	3.42	71.05
1973	7.37	13.16	1992	3.58	68.42
1974	1.12	97.37	1993	2.04	89.47
1975	3.70	57.89			

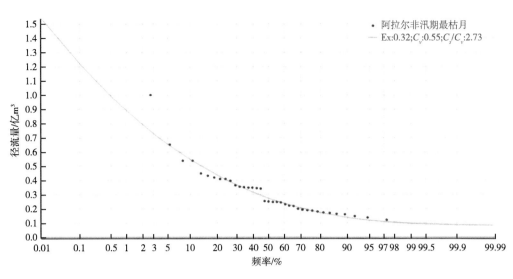

图6-10　阿拉尔断面非汛期最枯月径流量均值的水文频率分析曲线

表6-12　阿拉尔断面非汛期最枯月径流量均值的水文频率

年份	非汛期最枯月径流量/亿m³	来水频率/%	年份	非汛期最枯月径流量/亿m³	来水频率/%
1957	0.35	36.84	1976	0.19	76.32
1958	0.19	73.68	1977	0.12	97.37
1959	0.14	94.74	1978	0.41	23.68
1960	0.37	28.95	1979	0.23	60.53
1961	0.25	50.00	1980	0.43	15.79
1962	0.65	5.26	1981	0.35	39.47
1963	0.42	18.42	1982	0.35	34.21
1964	0.25	57.89	1983	0.54	7.89
1965	0.22	65.79	1984	0.26	47.37
1966	0.17	81.58	1985	0.22	63.16
1967	1.00	2.63	1986	0.34	44.74
1968	0.25	52.63	1987	0.18	78.95
1969	0.20	68.42	1988	0.41	21.05
1970	0.15	92.11	1989	0.40	26.32
1971	0.19	71.05	1990	0.36	31.58
1972	0.17	86.84	1991	0.35	42.11
1973	0.16	89.47	1992	0.45	13.16
1974	0.17	84.21	1993	0.54	10.53
1975	0.25	55.26			

新渠满断面：利用1957—1993年新渠满逐月径流量（还原）数据，分别筛选出新渠满断面汛期和非汛期最枯月的平均径流量，借助Pearson-Ⅲ型曲线分别排频（图6-11，表6-13，图6-12，表6-14），并计算在P=90%时的流量。根据新渠满汛期最枯月径流量均值的水文频率分析曲线，其均值为4.15亿m³，C_v为0.49，C_s/C_v为2.46；而根据新渠满非汛期最枯月径流量均值的水文频率分析曲线，其均值为0.18亿m³，C_v为0.66，C_s/C_v为1.86。根据排频结果，新渠满汛期最枯月90%频率时，汛期（7—9月）基本生态水量为5.79亿m³，而非汛期（10月至翌年6月）基本生态水量为0.48亿m³，年基本生态水量为6.27亿m³。根据前文径流还原计算结果，1957—1993年新渠满多年平均径流量为39.43亿m³（年均径流125.03 m³/s），借助Tennant法，新渠满汛期（7—9月，共3个月）和非汛期（10月至翌年6月）基本生态流量分别为37.51 m³/s和12.5 m³/s，即基本生态水量分别为2.92亿m³和2.92亿m³，则年基本生态水量为5.84亿m³。

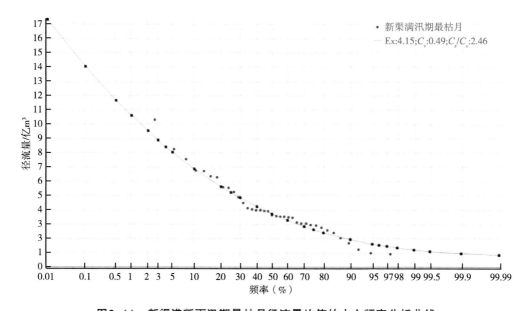

图6-11　新渠满断面汛期最枯月径流量均值的水文频率分析曲线

表6-13　新渠满断面汛期最枯月径流量均值的水文频率

年份	汛期最枯月径流量/亿m³	来水频率/%	年份	汛期最枯月径流量/亿m³	来水频率/%
1957	5.59	21.05	1962	3.65	50.00
1958	3.56	55.26	1963	3.96	44.74
1959	6.37	15.79	1964	4.14	34.21
1960	6.74	13.16	1965	2.60	81.58
1961	10.32	2.63	1966	8.27	5.26

（续表）

年份	汛期最枯月径流量/亿m³	来水频率/%	年份	汛期最枯月径流量/亿m³	来水频率/%
1967	5.56	23.68	1981	2.41	84.21
1968	3.53	57.89	1982	3.09	68.42
1969	4.07	36.84	1983	3.97	42.11
1970	7.56	7.89	1984	4.91	28.95
1971	6.76	10.53	1985	2.04	86.84
1972	3.49	63.16	1986	0.98	94.74
1973	6.30	18.42	1987	4.52	31.58
1974	0.93	97.37	1988	3.90	47.37
1975	2.97	73.68	1989	3.52	60.53
1976	1.25	92.11	1990	2.79	78.95
1977	3.15	65.79	1991	2.93	76.32
1978	5.26	26.32	1992	3.08	71.05
1979	3.60	52.63	1993	1.69	89.47
1980	4.00	39.47			

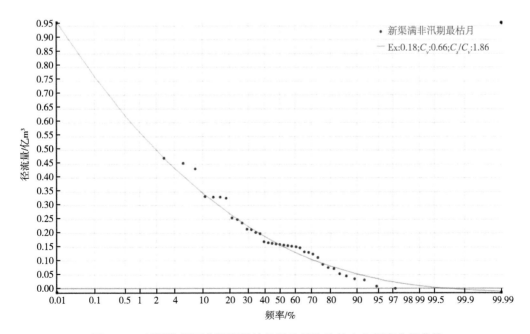

图6-12　新渠满断面非汛期最枯月径流量均值的水文频率分析曲线

表6-14 新渠满断面非汛期最枯月径流均值的水文频率

年份	非汛期最枯月径流量/亿m³	来水频率/%	年份	非汛期最枯月径流量/亿m³	来水频率/%
1957	0.26	21.05	1976	0.15	60.53
1958	0.13	68.42	1977	0.00	97.37
1959	0.07	81.58	1978	0.21	31.58
1960	0.43	7.89	1979	0.05	84.21
1961	0.03	89.47	1980	0.24	26.32
1962	0.33	10.53	1981	0.16	50.00
1963	0.33	18.42	1982	0.16	44.74
1964	0.17	39.47	1983	0.33	13.16
1965	0.16	52.63	1984	0.08	78.95
1966	0.11	73.68	1985	0.05	86.84
1967	0.47	2.63	1986	0.15	57.89
1968	0.45	5.26	1987	0.01	94.74
1969	0.16	47.37	1988	0.21	28.95
1970	0.03	92.11	1989	0.20	34.21
1971	0.09	76.32	1990	0.17	42.11
1972	0.12	71.05	1991	0.16	55.26
1973	0.13	65.79	1992	0.25	23.68
1974	0.15	63.16	1993	0.33	15.79
1975	0.20	36.84			

英巴扎断面：利用1957—1993年英巴扎逐月径流量（还原）数据，分别筛选出英巴扎断面汛期和非汛期最枯月的平均径流量，借助Pearson-Ⅲ型曲线分别排频（图6-13，表6-15，图6-14，表6-16），并计算在$P=90\%$时的流量。根据英巴扎汛期最枯月径流量均值的水文频率分析曲线，其均值为3.21亿m³，C_v为0.51，而C_s/C_v为2.56；而根据英巴扎非汛期最枯月径流均值的水文频率分析曲线，其均值为0.14亿m³，C_v为0.76，而C_s/C_v为2.67。根据排频结果，英巴扎汛期最枯月90%频率时，汛期（7—9月）基本生态水量为4.43亿m³，而非汛期（10月至翌年6月）基本生态水量为0.42亿m³，年基本生态水量为4.85亿m³。根据前文径流还原计算结果，1957—1993年英巴扎断面多年平均径流量为31.72亿m³（年均径流100.59 m³/s），借助Tennant法，英巴扎断面汛期（7—9月，共3个月）和非汛期（10月至翌年6月）基本生态流量分别为30.18 m³/s和10.06 m³/s，即基本生态水量分别为2.35亿m³和2.35亿m³，则年基本生态水量为4.70亿m³。

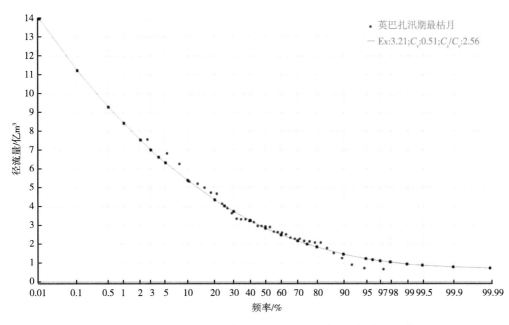

图6-13　英巴扎断面汛期最枯月径流量均值的水文频率分析曲线

表6-15　英巴扎断面汛期最枯月径流量均值的水文频率

年份	汛期最枯月径流量/亿m³	来水频率/%	年份	汛期最枯月径流量/亿m³	来水频率/%
1957	4.14	23.68	1976	0.90	92.11
1958	2.65	57.89	1977	2.36	65.79
1959	4.75	18.42	1978	3.93	26.32
1960	5.01	15.79	1979	2.69	55.26
1961	7.58	2.63	1980	2.99	44.74
1962	3.18	42.11	1981	1.80	84.21
1963	2.96	50.00	1982	2.31	68.42
1964	3.32	34.21	1983	2.96	47.37
1965	2.10	78.95	1984	3.66	28.95
1966	6.84	5.26	1985	1.52	86.84
1967	5.34	10.53	1986	0.73	94.74
1968	3.32	36.84	1987	3.37	31.58
1969	3.25	39.47	1988	2.91	52.63
1970	5.22	13.16	1989	2.63	60.53
1971	6.28	7.89	1990	2.09	81.58
1972	2.54	63.16	1991	2.19	73.68
1973	4.69	21.05	1992	2.30	71.05
1974	0.68	97.37	1993	1.26	89.47
1975	2.16	76.32			

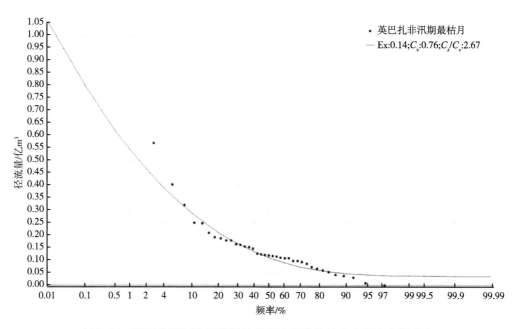

图6-14　英巴扎断面非汛期最枯月径流量均值的水文频率分析曲线

表6-16　英巴扎断面非汛期最枯月径流量均值的水文频率

年份	非汛期最枯月径流量/亿m³	来水频率/%	年份	非汛期最枯月径流量/亿m³	来水频率/%
1957	0.19	18.42	1976	0.11	60.53
1958	0.10	65.79	1977	0.00	97.37
1959	0.05	84.21	1978	0.16	31.58
1960	0.32	7.89	1979	0.04	86.84
1961	0.07	76.32	1980	0.18	26.32
1962	0.21	15.79	1981	0.12	47.37
1963	0.18	23.68	1982	0.12	44.74
1964	0.12	55.26	1983	0.25	10.53
1965	0.11	57.89	1984	0.06	81.58
1966	0.07	78.95	1985	0.04	89.47
1967	0.57	2.63	1986	0.12	52.63
1968	0.41	5.26	1987	0.01	94.74
1969	0.15	34.21	1988	0.16	28.95
1970	0.03	92.11	1989	0.15	36.84
1971	0.09	73.68	1990	0.13	42.11
1972	0.09	71.05	1991	0.12	50.00
1973	0.10	68.42	1992	0.19	21.05
1974	0.11	63.16	1993	0.25	13.16
1975	0.15	39.47			

乌斯满断面：利用1957—1993年乌斯满逐月径流量（还原）数据，分别筛选出乌斯满断面汛期和非汛期最枯月的平均径流量，借助Pearson-Ⅲ型曲线分别排频（图6-15，表6-17，图6-16，表6-18），并计算在P=90%时的流量。根据乌斯满汛期最枯月径流量均值的水文频率分析曲线，其均值为2.38亿m³，C_v为0.43，C_s/C_v为1.5；根据乌斯满非汛期最枯月径流量均值的水文频率分析曲线，其均值为0.13亿m³，C_v为0.75，C_s/C_v为2.8。根据排频结果，乌斯满汛期最枯月90%频率时，汛期（7—9月）基本生态水量为2.25亿m³，而非汛期（10月至翌年6月）基本生态水量为0.25亿m³，年基本生态水量为2.5亿m³。根据前文径流还原计算结果，1957—1993年乌斯满多年平均径流量为20.1亿m³（年均径流63.74 m³/s），借助Tennant法，乌斯满断面汛期（7—9月，共3个月）和非汛期（10月至次年6月）基本生态流量分别为19.12 m³/s和6.37 m³/s，即基本生态水量分别为1.49亿m³和1.49亿m³，则年基本生态水量为2.98亿m³。

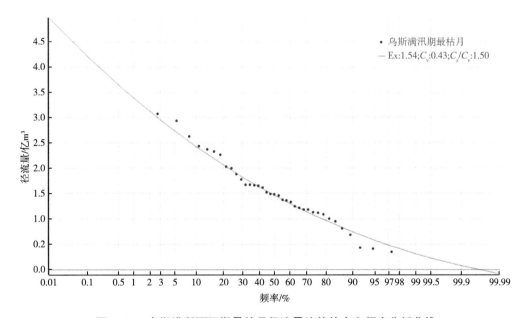

图6-15　乌斯满断面汛期最枯月径流量均值的水文频率分析曲线

表6-17　乌斯满断面汛期最枯月径流量均值的水文频率

年份	汛期最枯月径流量/亿m³	来水频率/%	年份	汛期最枯月径流量/亿m³	来水频率/%
1957	2.01	23.68	1962	1.62	42.11
1958	1.38	55.26	1963	1.52	44.74
1959	2.27	18.42	1964	1.68	34.21
1960	2.33	15.79	1965	1.12	76.32
1961	3.08	2.63	1966	2.94	5.26

（续表）

年份	汛期最枯月径流量/亿 m³	来水频率/%	年份	汛期最枯月径流量/亿 m³	来水频率/%
1967	2.44	10.53	1981	0.95	84.21
1968	1.68	31.58	1982	1.19	68.42
1969	1.65	39.47	1983	1.49	50.00
1970	2.38	13.16	1984	1.78	28.95
1971	2.63	7.89	1985	0.81	86.84
1972	1.25	63.16	1986	0.41	94.74
1973	2.04	21.05	1987	1.66	36.84
1974	0.35	97.37	1988	1.47	52.63
1975	1.01	81.58	1989	1.34	60.53
1976	0.43	92.11	1990	1.09	78.95
1977	1.21	65.79	1991	1.14	73.68
1978	1.89	26.32	1992	1.19	71.05
1979	1.37	57.89	1993	0.68	89.47
1980	1.50	47.37			

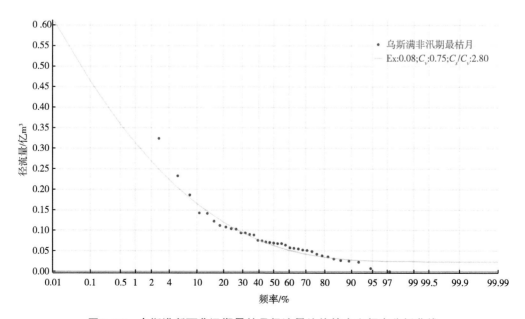

图6-16　乌斯满断面非汛期最枯月径流量均值的水文频率分析曲线

表6-18　乌斯满断面非汛期最枯月径流量均值的水文频率

年份	非汛期最枯月径流量/亿m³	来水频率/%	年份	非汛期最枯月径流量/亿m³	来水频率/%
1957	0.11	18.42	1976	0.06	65.79
1958	0.06	63.16	1977	0.00	97.37
1959	0.03	84.21	1978	0.09	31.58
1960	0.19	7.89	1979	0.03	86.84
1961	0.04	76.32	1980	0.10	26.32
1962	0.12	15.79	1981	0.07	47.37
1963	0.10	23.68	1982	0.07	44.74
1964	0.07	55.26	1983	0.14	10.53
1965	0.06	57.89	1984	0.04	81.58
1966	0.04	78.95	1985	0.02	92.11
1967	0.33	2.63	1986	0.07	52.63
1968	0.23	5.26	1987	0.01	94.74
1969	0.09	34.21	1988	0.09	28.95
1970	0.03	89.47	1989	0.09	36.84
1971	0.05	73.68	1990	0.07	42.11
1972	0.05	71.05	1991	0.07	50.00
1973	0.05	68.42	1992	0.11	21.05
1974	0.06	60.53	1993	0.14	13.16
1975	0.08	39.47			

阿其克断面：阿其克断面仅可还原2005—2020年的断面径流数据，无法采用Q_p法与Tennant法进行计算。为此，利用逐项还原法，结合阿其克断面下泄、乌斯满—阿其克河段的区间引水等，实现2010—2020年阿其克断面下泄逐月径流数据的还原（表6-19）。根据还原结果，还原后阿其克断面年均径流量为16.58亿m³，相比还原前数据年均增加1.72亿m³。根据《河湖生态环境需水计算规范》（SL/T 712—2021），缺乏长系列水文资料的河流，可采用近10年最枯月平均流量（水量）法等方法计算。为此，采用近10年最枯月平均流量（水量）法，并采用上断面和下断面来水量关系模型评估结果的准确性。

表6-19　阿其克断面还原水量　　　　　　　　　　　　　　单位：亿m³

年份	乌斯满下泄	阿其克下泄	区间引水	还原数据
2010	20.18	14.62	2.23	16.85
2011	20.80	18.05	2.04	20.09

年份	乌斯满下泄	阿其克下泄	区间引水	还原数据
2012	20.45	17.63	1.47	19.10
2013	18.45	16.99	0.09	17.08
2014	4.96	4.00	0.13	4.13
2015	17.99	15.36	1.35	16.71
2016	20.98	17.23	2.31	19.54
2017	28.16	24.57	2.43	27.00
2018	18.38	14.81	2.59	17.40
2019	15.12	11.11	2.75	13.86
2020	11.34	9.12	1.52	10.64

根据筛选结果（表6-20），2010—2020年最枯月流量的均值为4.82 m^3/s，则阿其克断面基本生态水量为1.52亿m^3。根据乌斯满—阿其克河段的断面径流数据、区间引水（农业、生态）数据，构建两者关系模型（图6-17），根据前文计算结果，乌斯满断面基本生态水量为2.5亿m^3，借助乌斯满—阿其克断面关系模型，阿其克断面基本生态水量为1.63亿m^3，与基于水文学方法计算结果相近（偏差小于10%）。综合以上，推荐阿其克断面基本生态水量以水文学方法计算结果为准，即为1.52亿m^3。

表6-20　2010—2020年阿其克断面最枯月流量　　　　　单位：m^3/s

年份	最枯月流量
2010	12.13
2011	3.09
2012	0.25
2013	0.37
2014	0.17
2015	0.26
2016	1.05
2017	1.00
2018	0.14
2019	21.32
2020	13.23

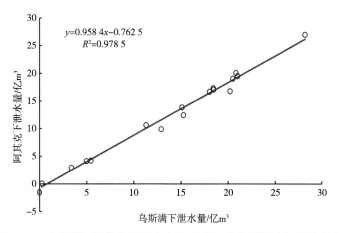

图6-17　乌斯满-阿其克断面来水关系（阿其克断面为还原数据）

（3）最终计算结果

采用两计算方法得到的基本生态水量结果存在一定差异，其中，采用Q_p法（P=90%）计算的各断面汛期基本生态水量大于断面多年平均径流量的30%，非汛期基本生态水量均小于断面多年平均径流量的10%。同时，英巴扎与乌斯满计算结果的偏差度超过了30%。根据统计结果，塔里木河干流各水文断面，均出现过长时间断流情况。塔里木河干流作为纯耗散型河流，本身不具备来水调节能力，且河道内无重点水生生物的保护和水质的改善等任务，塔里木河干流以维持其河道内的水文特性为主要目标。因此，综合塔里木河干流水文特性和生态保护需求，满足塔里木河干流河道内基本生态水量目标即可。为此，推荐塔里木河干流基本生态水量采用Q_p法计算结果。根据各断面最枯月来水量排频结果，Q_p（P=90%）考核断面阿拉尔和英巴扎断面基本生态水量分别为7.89亿m³和4.85亿m³（表6-21）。监测断面新渠满和乌斯满断面年基本生态水量分别为6.27亿m³和2.50亿m³。

表6-21　塔里木河干流上中游断面基本生态水量目标　　　　　　　单位：亿m³

断面		基本生态水量目标
阿拉尔	考核断面	7.89
新渠满	监测断面	6.27
英巴扎	考核断面	4.85
乌斯满	监测断面	2.50
阿其克	监测断面	1.52

6.1.1.4　下游断面基本生态水量

（1）恰拉断面

①径流序列数据还原。

下游恰拉站（下泄断面）历史断面径流量（1957年至今）包括塔里木河干流来水和

孔雀河入塔里木河干流水量。在1967年前，恰拉断面有孔雀河水汇入（无监测数据）；而在1967—2000年，恰拉水库（1967年建成，并于2005完成扩建改造）在汛期和非汛期均有退水进入塔里木河干流恰拉断面（无监测数据）；在2000年实施流域综合治理后，孔雀河通过恰铁干渠向塔里木河干流应急生态输水（有监测数据），但在2005年塔里木河应急生态输水结束后，下游生态输水进入常态化输水，孔雀河基本无水量进入塔里木河干流。由于1957—2000年未进行孔雀河进入塔里木河干流的水量监测，无法实现还原，因此利用逐项还原法，利用恰拉下泄水量、区间引水等数据，实现2010—2020年恰拉下泄断面逐月径流量数据的还原）（表6-22）。根据还原结果，还原后恰拉断面径流量为8.69亿m³，相比还原前数据（恰拉下泄）年均增加1.27亿m³。

表6-22　恰拉断面径流量还原数据　　单位：亿m³

年份	恰拉下泄水量	区间引水	还原
2010	8.92	1.77	10.69
2011	9.99	1.84	11.83
2012	9.25	1.07	10.32
2013	6.90	1.91	8.81
2014	0.64	0.69	1.33
2015	7.40	0.51	7.91
2016	8.70	1.15	9.85
2017	15.17	1.70	16.87
2018	6.12	1.41	7.53
2019	5.59	1.03	6.62
2020	2.95	0.84	3.79

②断面基本生态水量。

基于水文学方法的断面基本生态水量。恰拉断面还原径流数据时间序列较短（2010—2020年），因此无法采用Q_p法等计算河流基本生态水量。根据《河湖生态环境需水计算规范》（SL/T 712—2021），缺乏长系列水文资料的河流，可采用近10年最枯月平均流量（水量）法等方法计算。为此，采用近10年最枯月平均流量（水量）法，并采用河段水量平衡法评估结果的准确性。根据筛选结果（表6-23），2010—2020年最枯月流量的均值为2.54 m³/s，则恰拉断面基本生态水量为0.8亿m³（不含孔雀河来水）。

表6-23 2010—2020年恰拉断面最枯月流量

年份	最枯月流量/（m³/s）
2010	4.70
2011	1.32
2012	0.50
2013	0.15
2014	0.15
2015	9.20
2016	3.22
2017	4.27
2018	0.15
2019	2.82
2020	1.77

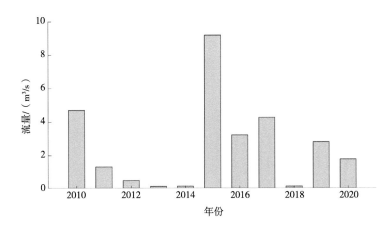

图6-18 2010—2020年恰拉断面最枯月流量

基于水量平衡的恰拉断面基本可下泄水量。为确定基于水文学方法计算得到的恰拉断面基本生态水量结果是否合理，利用乌斯满断面与恰拉断面水量还原数据，利用推求的两者关系，计算乌斯满断面基本生态水量条件下恰拉可下泄水量，进而明确恰拉断面的基本生态水量。根据2010—2020年乌斯满—恰拉河段的断面径流数据、区间引水（农业、生态）数据，构建两者关系模型（图6-19），根据前文计算结果，乌斯满断面基本生态水量为2.5亿m³，借助乌斯满—恰拉断面关系模型，恰拉断面水量为0.86亿m³，与基于水文学方法计算结果相近（偏差小于10%）。综合以上，推荐恰拉断面基本生态水量采用水文学方法计算结果，即为0.8亿m³。

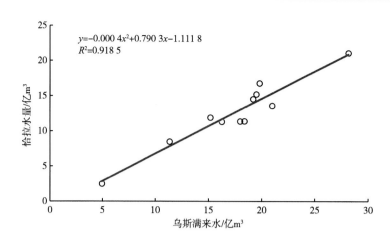

$$y=-0.000\,4x^2+0.790\,3x-1.111\,8$$
$$R^2=0.918\,5$$

图6-19　乌斯满—恰拉断面来水关系（恰拉断面含区间引水）

（2）大西海子水库下泄断面

大西海子水库是全国唯一的生态型水库，主要承担向塔里木河下游生态输水任务，保护对象主要为下游河道两岸天然植被，并实现水流到达台特玛湖。根据2001年国务院批准的《塔里木河流域近期综合治理规划报告》，大西海子水库多年平均下泄3.5亿m³。而根据综合治理实施以来的水文监测数据，2000—2022年大西海子水库累计下泄95.13亿m³，年均下泄4.14亿m³，超额完成了大西海子水库下泄水量目标，下游生态恢复成效显著。根据《全国水资源调查评价生态水量调查评价补充技术细则（试行）》《新疆维吾尔自治区河湖生态流量（水）目标制定与保障方案编制提纲》，本次河湖生态流量（水量）的任务主要是保障不断流河段的生态基流和敏感生态需水。大西海子水库集中下泄从8月开始，生态输水持续时间一般为2～3个月，即多在10月至11月结束，属季节性河段。同时，大西海子水库下泄主要受人为调控影响，无自然径流过程，也无法采用水文学和水力学方法计算大西海子水库下泄断面的基本生态水量。为此，基于前文恰拉断面基本生态水量的计算结果和恰拉—大西海子水库河段的损耗关系研究结果，推算在恰拉年生态水量0.8亿m³大西海子可下泄最大水量与满足塔里木河下游生态保护要求的水量，综合对比确定大西海子断面基本生态水量。

①满足塔里木河下游生态保护要求的最小水量。

根据《塔里木河近期综合治理规划报告》，对于塔里木河下游而言，其基本生态保护要求为：维系塔里木河下游与台特玛湖水力联系，即水流到达台特玛湖。根据2021年大西海子水库下泄水量、台特玛湖入湖水量监测资料，可以发现大西海子水库下泄水量的峰值与台特玛湖入湖水量峰值约有12 d的时间差（图6-20），2021年水头到达台特玛湖时，大西海子水库累计下泄水量3 477万m³（水头到达台特玛湖时，后推大西海子水库累计下泄水量），且超过90%的水量转化为地下水和土壤水。

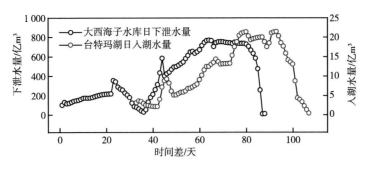

图6-20　大西海子水库下泄水量与台特玛湖入湖水量过程（2021年）

②基于水平衡计算的大西海子水库可下泄最大水量。

根据大西海子水库安全运行要求，大西海子死库容约为600万m³，且另需保障约600万m³生活用水。大西海子水库主要利用8—10月干流主汛期进行生态输水。根据大西海子水库安全运行要求，死库容600万m³水量无法正常下泄，同时可利用死库容600万m³用以保障大西海子水库管理站基本用水需求。根据《塔里木河流域近期综合治理规划报告》，恰拉—大西海子水库河道损耗率约为25%，年内由于库区水面蒸发损失较大（约为入库水量的31.7%），考虑大西海子水库蒸发及入渗损耗水量约1 900万m³。因此，在恰拉断面下泄8 000万m³水量的情况下，大西海子水库可入库水量6 000万m³（入库水量=恰拉下泄水量-恰拉下泄水量×河道损耗率），扣除死库容600万m³，减掉水库损耗1 900万m³，至多可下泄水量3 500万m³。综合塔里木河下游水力联系和可下泄最大水量情况，推荐大西海子水库基本生态水量为3 500万m³。

6.1.2　源流区河流重要断面生态水量管控目标

考虑不同河流特性，综合提出河流控制性工程或断面的下泄流量（水量）要求，山区控制性水利枢纽以生态流量为控制要求，出山口灌区引水渠首以生态水量为控制要求。在远期水平年，由于北水南调工程项目的实施，塔里木河流域"四源一干"水量时空格局将发生改变，而"四源流"入塔里木河干流水量应适时调整。因此，根据塔里木河流域内单项工程环境评价批复和流域相关规划，在近期水平年仍沿用当前主要河流断面水量管控指标。其中，"四源流"下泄塔里木河干流控制断面及水量见表6-24，2035年塔里木河流域主要河流断面生态水量管控指标见表6-25。

表6-24　2035年"四源流"下泄塔里木河干流控制断面及水量　　　　单位：亿m³

项目	和田河		叶尔羌河		阿克苏河	开都—孔雀河	塔里木河干流
	喀拉喀什河、玉龙喀什河渠首断面	肖塔	艾力克他木断面	黑尼亚孜	塔里木拦河闸（含巴吾托拉克闸）	66 km分水闸	阿拉尔
多年平均来水	16.7	9.0	8.25	3.3	34.2	4.5	46.5

表6-25 2035年塔里木河流域主要河流河流断面生态水量管控指标

河流	断面	生态基流/（m³/s）												水量/亿m³
		汛期						平水期						
		4月	5月	6月	7月	8月	9月	10月	11月	12月	1月	2月	3月	
阿克苏河	大石峡水利枢纽	46.35	46.35	46.35	46.35	46.35	46.35	15.5	15.5	15.5	15.5	15.5	15.5	9.77
	奥依阿额孜	11.8	11.8	11.8	11.8	11.8	11.8	5.9	5.9	5.9	5.9	5.9	5.9	2.79
叶尔羌河	阿尔塔什水利枢纽	41	41	41	41	41	41	—	—	—	—	—	—	6.48
和田河	乌鲁瓦提水利枢纽	13.9	13.9	13.9	13.9	13.9	13.9	7	7	7	7	7	7	3.30
	玉龙喀什枢纽	10.77	26.2	43.25	34.27	19.8	19.8	8	8	8	8	6.6	8	5.29
开都—孔雀河	小山口水电站	11.08	11.08	11.08	11.08	11.08	11.08	11.08	11.08	11.08	11.08	11.08	11.08	3.49
喀什	卡拉贝利水利枢纽	6.8	6.8	6.8	6.8	6.8	6.8	6.8	6.8	6.8	6.8	6.8	6.8	2.14
	布伦口—公格尔	5.59	5.59	5.59	5.59	5.59	5.59	1.86	1.86	1.86	1.86	1.86	1.86	1.18
	克孜勒塔克水文站	1.11	1.11	1.11	1.11	1.11	1.11	0.37	0.37	0.37	0.37	0.37	0.37	0.23
嘎尔河	库尔干水利枢纽	4.13	6.2	6.2	6.2	6.2	6.2	4.13	3.1	3.1	3.1	3.1	3.1	1.44
	阿湖水库	1.05	1.05	1.05	1.05	1.05	1.05	0.35	0.35	0.35	0.35	0.35	0.35	0.22
	托帕水库	1.05	1.05	1.05	1.05	1.05	1.05	0.52	0.52	0.52	0.52	0.52	0.52	0.25
渭干—库车河	拦河引利水枢纽					1	1	1	1	1	1	1	1	3.8（P=50%）
迪那河	五一水库	1	1	1	1	1	1	1	1	1	1	1	1	0.32
车尔臣河	大石门水库	8.28	8.28	8.28	8.28	8.28	8.28	2.76	2.76	2.76	2.76	2.76	2.76	1.74
	第二分水枢纽													1.9（P=50%）
克里雅河	吉音水利枢纽	5.79	5.79	5.79	5.79	5.79	5.79	1.93	1.93	1.93	1.93	1.93	1.93	1.22

6.2　重复水量过程厘定

6.2.1　数据来源及研究方法

（1）数据来源

塔里木河流域管理局1957—2017年源流、干流各断面的径流量，以及2006—2017年源流引水量、退水量和河损量实测资料。

塔里木河干流数据包括阿拉尔、新渠满、英巴扎、乌斯满、阿其克及恰拉等水文站的月径流数据和旬平均水文数据；上游阿拉尔、新渠满和中游英巴扎、沙吉力克、沙子河口、乌斯满、阿其克、铁依孜、恰拉监测断面地下水数据；塔里木河下游大西海子水库、英苏、阿拉干、依干不及麻、台特玛湖5个地表水监测断面、12个地下水监测断面、3个土壤水监测断面及77口地下水监测井数据。根据水文断面分布，将塔里木河上游分为阿拉尔—新渠满、新渠满—英巴扎两个河段，中游为英巴扎—乌斯满、乌斯满—恰拉两个河段，下游为恰拉—台特玛湖河段。

阿克苏河包括出山口（协合拉和沙里桂兰克）、西大桥、拦河闸和排冰渠等断面径流数据，河段引水量、退水量等数据，以及阿克苏、阿拉尔等国家气象站的蒸发等数据；和田河数据包括乌鲁瓦提出库、吐直鲁克、同古孜洛克、艾格利亚及肖塔的断面径流数据，各河段的引水量、退水量数据；叶尔羌河数据包括叶尔羌河的喀群、喀群渠首下泄、48团渡口及黑尼亚孜与提孜那甫河江卡、江卡下泄及黑孜阿瓦提断面径流数据，各河段的引水量、退水量数据等；开都—孔雀河数据包括大山口、宝浪苏木、塔什店及阿恰枢纽的断面径流数据，河段引水量、退水量数据，2001—2013年博斯腾湖的蓄变量数据，2014—2017年博斯腾湖的年初年末水位数据，博斯腾湖库容曲线等资料。

（2）研究方法

①上中游渗漏水量计算。

根据地下水动力学的基本定律——达西定律，河水下渗水量的计算公式为：

$$Q_R = WLq_R = K_{等效}WL\frac{h_R - h_G}{\Delta L} \qquad (6-1)$$

式中，Q_R 为河段渗漏量（m³）；$K_{等效}$ 为渗透系数（m/d），本书利用河段采样点渗透系数均值；W 为水面宽度（m）；L 为河长（m）；h_R 为河道水位（m）；h_G 为地下水位（m）；ΔL 为河道水量补给地下水路径长度（m），地下水位 h_G 与 ΔL 为实际观测数据。根据以往研究成果，塔里木河干流阿拉尔—新渠满、新渠满—英巴扎、英巴扎—乌斯满、乌斯满—恰拉河段渗透系数均值分别为0.053 m/d、0.139 m/d、0.191 m/d、0.265 m/d（t=20℃）。

根据前人研究成果，河流水面宽 W 及河道水位 h_R 可根据断面径流流量求出，各段河流

水面宽度 W 及河道水位 h_R 计算公式为：

$$W_{AL} = 15.582Q_{AL}^{0.498\,5} \qquad (6-2)$$

$$h_{R-AL} = 0.409\mathrm{Ln}(Q_{AL}) \qquad (6-3)$$

式中，W_{AL} 为阿拉尔水文断面水面宽度（m）；h_{R-AL} 为阿拉尔水文断面河道水位；Q_{AL} 为阿拉尔水文断面径流量（亿 m^3）。

$$W_{XQ} = 24.476Q_{XQ}^{0.380\,9} \qquad (6-4)$$

$$h_{R-XQ} = 0.409\mathrm{Ln}(Q_{XQ}) \qquad (6-5)$$

式中，W_{XQ} 为新渠满水文断面水面宽度（m）；h_{R-XQ} 为新渠满水文断面河道水位；Q_{XQ} 为新渠满水文断面径流量（亿 m^3）。

$$W_{YB} = 47.909Q_{YB}^{0.177\,6} \qquad (6-6)$$

$$h_{R-YB} = 0.8\,h_{R-XQ} \qquad (6-7)$$

式中，W_{YB} 为英巴扎水文断面水面宽度（m）；h_{R-YB} 为新渠满水文断面河道水位；Q_{YB} 为英巴扎水文断面径流量（亿 m^3）。

②下游水量平衡计算。

河道水量平衡包含包气带补给水量、地下水补给量、河道水面蒸发量和尾闾湖泊的入湖水量。其中，河道沿岸包气带补给量主要用于裸地蒸发、植物蒸腾及增加土壤含水量。塔里木河下游大西海子水库至台特玛湖生态输水的水量平衡方程如下：

$$W_{下} = W_{包} + W_{地下} + W_{蒸发} + W_{入湖} \qquad (6-8)$$

式中，$W_{下}$ 为大西海子水库下泄水量，即下游河道来水总量；$W_{包}$ 为输水期间河道沿岸包气带补给量，包括输水期内腾发量与包气带净增水量；$W_{地下}$ 为输水期内河道沿岸地下水补给量；$W_{蒸发}$ 为输水期内河道水面蒸发量；$W_{入湖}$ 为进入台特玛湖的水量。

③源流区水量平衡计算。

在源流区河损定量分离的过程中，收集了全部的断面径流、引水、下泄及退水数据，收集了部分区域河道水面宽度、河长及渗透系数等水文地质数据，以及河流周边较为全面的气温、降水、水汽压等气象数据。借助水量平衡原理及水面蒸发计算公式，计算出了河损水量，完整地计算出了河道水面蒸发损失水量。对于相关资料缺省地区，渗漏水量的计算参照了相似河段渗漏规律（如渗漏与断面来水或区间耗水的关系）进行估算。

6.2.2 塔里木河渗漏水量变化特点

塔里木河干流不产流，属纯耗散性河流，其中河道径流在河道运行过程中通过河床渗漏补给地下水是沿岸植被生态需水的重要来源。在计算河流生态需水量的过程中，渗漏水量是河道内生态水量与河道外天然植被生态需水的重复水量，需明确不同来水条件下渗漏水量的时空特征才能确保河流生态需水量最终计算结果的准确。因此，本小节利用塔里木河径流、地下水等实测数据，结合以往渗透系数等研究成果，借助达西定律，计算出塔里木河干流上中游各河段的逐年渗漏水量，并基于以往研究，分析塔里木河下游生态输水的水量平衡特点，从而为塔里木河干流生态需水的计算提供科学性依据。

（1）上中游渗漏水量变化特点

塔里木河干流河床平坦宽阔，地表水下渗补给地下水具有良好的水文地质条件，利用各河段径流及沿岸地下水监测数据推算出各河段逐年渗漏水量，结果如表6-26所示。

表6-26 塔里木河上中游渗漏水量总体特征

河段	渗漏水量均值/亿m³	单位河长渗漏水量/（万m³/km）	占比/%
阿拉尔—新渠满	2.92	154.58	27.47
新渠满—英巴扎	2.82	109.18	26.48
英巴扎—乌斯满	2.68	149.52	25.16
乌斯满—恰拉	2.22	101.42	20.88
合计	10.64	125.87（均值）	100.00

根据表6-26，2006—2018年塔里木河干流上中游平均渗漏水量为10.64亿m³，其中阿拉尔—新渠满、新渠满—英巴扎、英巴扎—乌斯满及乌斯满—恰拉河段渗漏水量均值分别为2.92亿m³、2.82亿m³、2.68亿m³及2.22亿m³，分别占总渗漏水量的27.47%、26.50%、25.19%及20.86%。单位河长渗漏水量均值为125.87万m³/km。其中，阿拉尔—新渠满河段单位河长渗漏水量为154.58万m³/km，英巴扎—乌斯满河段次之，为149.52万m³/km，新渠满—英巴扎和乌斯满—恰拉河段单位河长渗漏水量较为接近，分别为109.18万m³/km和101.42万m³/km，阿拉尔—新渠满为塔里木河干流起点河段，来水量较大，河道内水位较高，且河床宽阔，因此渗漏能力较强，单位河长渗漏水量较大；英巴扎—乌斯满流速较慢，河床沉积物质地较粗，渗漏能力也较强。

（2）上中游渗漏水量逐年变化特点

受源流区来水影响，塔里木河干流来水存在显著的年际变化特征，渗漏过程与来水过程密切相关，本研究基于渗漏水量逐月计算结果，分析厘清2006—2018年的渗漏水量变化特点（图6-21）。根据图6-21，2006—2018年，塔里木河干流渗漏水量年际变化显著，总体为8.56亿m³（2014年）~14.54亿m³（2017年），2006—2009年不断减少，2010年增大，2011—2013年变化较小，2014—2018年渗漏水量呈现增加。从各河段渗漏水量占比来看，2006—2009年，阿拉尔—新渠满和新渠满—英巴扎渗漏水量占比逐渐增大，2010—2018年，塔里木河上游（阿拉尔—新渠满和新渠满—英巴扎）和中游（英巴扎—乌斯满和乌斯满—恰拉）占比变化较小，总体呈现渗漏水量越小，上游（阿拉尔—新渠满及新渠满—英巴扎）渗漏水量占比越大的规律，如2009年，渗漏水量仅为9亿m³，阿拉尔—新渠满和新渠满—英巴扎占比达到84.44%；反之，阿拉尔—新渠满和新渠满—英巴扎占比越小，如2010年，渗漏水量达到12.69亿m³，阿拉尔—新渠满和新渠满—英巴扎占比仅为44.37%。这与当年来水情况有关，来水偏少的年份塔里木河干流来水在上游河段大量消耗，至中游英巴扎断面的来水量极小，造成中游河段渗漏水量明显小于上游河段。

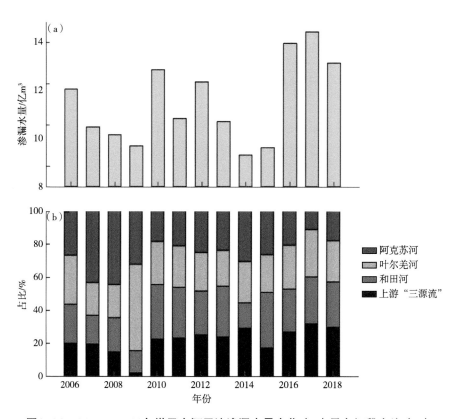

图6-21　2006—2018年塔里木河干流渗漏水量变化（a）及各河段占比（b）

（3）上中游渗漏水量年内分布特征

塔里木河是一条季节性河流，年内存在明显的丰枯变化，为厘清渗漏水量的年内分布特征，本研究利用2006—2018年塔里木河干流各河段逐月渗漏水量计算数据，求出每月的平均渗漏水量，结果如图6-22所示。根据图6-22，塔里木河干流上中游渗漏水量主要集中在7—9月，共占年平均渗漏水量的65.74%，其中8月渗漏水量最多，占33.15%。11月至翌年4月仅占年平均渗漏水量的15.2%。

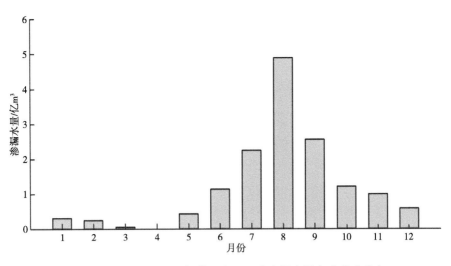

图6-22 2006—2016年塔里木河干流渗漏水量年内分布特征

为明确不同来水条件下的渗漏水量年内分布特征，本研究利用1957—2018年阿拉尔径流量资料，借助水文序列的Pearson-Ⅲ型曲线，参照GB/T 50095—2014，确定了10%（丰水年）、50%（平水年）、90%（枯水年）3个来水频率下塔里木河干流的总径流量，并在此基础上，选择相应的典型年，确定塔里木河干流上中游4个河段的渗漏水量年内分布特征，结果如图6-23所示。根据图6-23，阿拉尔—新渠满河段渗漏水量主要集中在6—8月，在丰水年、平水年和枯水年3个月的渗漏水量分别占来水量的84.87%、84.55%和64.22%，新渠满—英巴扎、英巴扎—乌斯满、乌斯满—恰拉渗漏水量主要集中在7—9月，丰水年

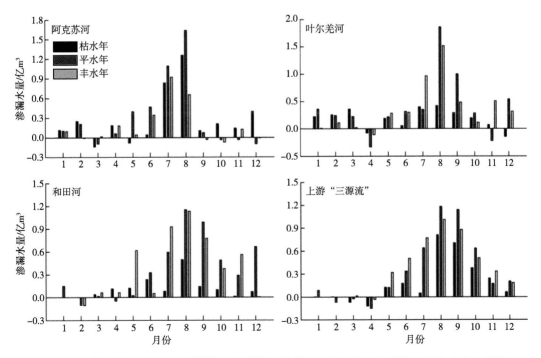

图6-23 塔里木河阿拉尔—新渠满—乌斯满—恰拉丰、平、枯水年渗漏水量年内分布特征

其分别占河段渗漏水量的65.16%、63.2%、59.29%，平水年占比分别为65.91%、60%、69.47%，枯水年占比分别为49.25%、50.85%、66.34%，由此可见，由阿拉尔—新渠满到乌斯满—恰拉，从上至下，渗漏水量较多的月份由集中到分散，且渗漏发生月份发生滞后，这与河道径流过程相关。上中游洪水存在一定的时差，且径流流速由上至下逐渐放缓，从而使得渗漏水量也随之发生改变。

（4）渗漏水量与来水量关系分析

根据前文分析，塔里木河干流上中游渗漏水量存在显著的年际和年内变化，而来水量是造成这种差异的主要原因。因此，本研究利用各断面的逐月径流数据和各河段逐月渗漏水量数据，拟合两者的关系方程，明确来水量与渗漏水量的关系（图6-24，表6-27）。

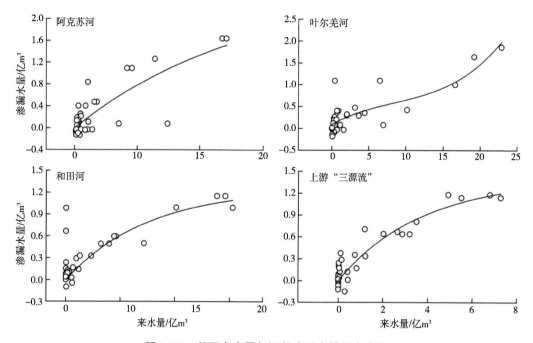

图6-24　断面来水量与河段渗漏水量拟合方程

表6-27　断面来水量与河段渗漏水量拟合方程

河段	拟合方程	R^2	P	F
阿拉尔—新渠满	$y=2.684\,9[1-\exp(-0.034\,4x)]$	0.663 4	<0.000 1	67.018 3
新渠满—英巴扎	$y=0.092\,2+0.095x-0.006\,5x^2+0.000\,3x^3$	0.707 4	<0.000 1	25.783 1
英巴扎—乌斯满	$y=1.265\,5[1-\exp(-0.130\,7x)]$	0.639 7	<0.000 1	60.361 2
乌斯满—恰拉	$y=1.403\,1[1-\exp(0.265\,3x)]$	0.887 7	<0.000 1	268.835 2

根据图6-24和表6-27，断面来水量与河段渗漏水量均呈显著的正相关关系，即随着来水量的增加渗漏水量也呈增加趋势。其中，乌斯满—恰拉渗漏水量与断面来水量拟

合关系最好（R^2=0.8877），英巴扎—乌斯满拟合关系最差（R^2=0.6397）。但随着来水量的持续增加，渗漏水量增长幅度逐渐减小，这与河道本身水文地质条件相关，来水量的增加使得河道水位及水面宽幅不断增加，渗漏水量进而增多，但随着来水量的持续增加，受河道形态的影响，河道内水位及水面宽幅增加幅度减缓，且径流会漫过堤防，形成漫溢跑水，从而使得渗漏水量增速放缓。

6.2.3　阿克苏河渗漏水量变化特点

6.2.3.1　阿克苏河水量平衡过程

利用2001—2017年阿克苏河出山口（协合拉和沙里桂兰克）、西大桥、拦河闸和排冰渠等断面径流数据，河段引水量、退水量等数据，以及阿克苏、阿拉尔等国家气象站的蒸发等数据，借助水量平衡原理、水面蒸发计算公式等，定量分析2001—2017年阿克苏河各河段逐年各耗水项水量及占比，结果如表6-28和表6-29所示。

根据表6-28和表6-29，2001—2017年，阿克苏河平均来水量为87.70亿m³，其中引水量、河损水量和下泄水量分别为48.74亿m³、7.25亿m³和37.27亿m³，分别占来水量的55.58%、8.27%及36.79%。河损水量中蒸发、渗漏和漫溢水量分别为0.19亿m³、4.47亿m³和2.59亿m³，分别占来水总量的0.22%、5.09%和2.96%。

表6-28　阿克苏河水量平衡过程　　　　　　单位：亿m³

| 年份 | 来水量 | 引水量 | | | 河损水量 | | | | | | | | | 下泄水量 |
| | | 出山口—西大桥 | 西大桥—拦河闸下泄 | 合计 | 出山口—西大桥 | | | 西大桥—拦河闸下泄 | | | | 合计 | |
					蒸发	渗漏	小计	蒸发	渗漏	漫溢	小计		
2001	94.90	45.09	13.22	58.31	0.18	7.02	7.20	0.04	0.72	-0.62	0.14	7.34	27.44
2002	106.90	42.40	12.54	54.94	0.19	3.03	3.22	0.06	1.02	4.48	5.56	8.78	43.34
2003	102.70	41.67	10.12	51.79	0.19	11.23	11.42	0.05	0.69	8.88	9.62	21.04	30.80
2004	91.50	41.71	9.35	51.06	0.17	10.86	11.03	0.04	0.67	6.01	6.72	17.75	23.83
2005	96.50	43.11	10.67	53.78	0.18	9.14	9.32	0.05	0.70	3.39	4.14	13.46	31.74
2006	83.20	44.66	11.67	56.33	0.13	1.12	1.25	0.05	0.85	1.36	2.26	3.52	24.78
2007	85.00	45.62	11.57	57.19	0.15	-3.71	-3.56	0.04	0.63	7.20	7.87	4.31	25.56
2008	84.40	42.25	9.37	51.62	0.15	5.35	5.50	0.04	0.79	5.15	5.98	11.48	21.94
2009	68.30	37.36	11.15	48.51	0.11	1.99	2.10	0.03	0.57	4.96	5.56	7.66	12.55
2010	95.00	33.13	10.71	43.84	0.18	-1.87	-1.69	0.04	0.56	-1.79	-1.19	-2.88	54.90
2011	89.10	35.63	11.03	46.66	0.17	3.40	3.57	0.04	0.67	0.98	1.69	5.26	37.45

（续表）

年份	来水量	引水量 出山口—西大桥	引水量 西大桥—拦河闸下泄	合计	河损水量 出山口—西大桥 蒸发	渗漏	小计	西大桥—拦河闸下泄 蒸发	渗漏	漫溢	小计	合计	下泄水量
2012	88.70	34.54	6.78	41.32	0.16	1.43	1.59	0.04	0.68	6.18	6.90	8.50	39.10
2013	76.20	30.48	8.85	39.33	0.12	9.36	9.48	0.04	0.62	1.40	2.06	11.54	26.07
2014	61.04	32.38	8.14	40.52	0.10	7.66	7.76	0.03	0.61	-8.03	-7.39	0.37	20.14
2015	86.53	34.83	5.85	40.68	0.16	4.02	4.18	0.00	0.05	-0.10	-0.05	4.13	41.73
2016	83.94	36.95	7.84	44.79	0.15	-0.06	0.09	0.00	-0.06	-0.07	-0.13	-0.05	39.20
2017	96.99	39.98	7.92	47.90	0.22	-3.31	-3.09	-0.04	-0.49	4.73	4.21	1.12	47.98
均值	87.70	38.93	9.81	48.74	0.16	3.92	4.08	0.03	0.55	2.59	3.17	7.25	32.27

表6-29 阿克苏河耗水项水量占比

年份	来水量/亿m³	引水量占比/% 出山口—西大桥	西大桥—拦河闸下泄	合计	河损水量占比/% 出山口—西大桥 蒸发	渗漏	小计	西大桥—拦河闸下泄 蒸发	渗漏	漫溢	小计	合计	下泄水量占比/%
2001	94.90	47.51	13.93	61.44	0.18	7.40	7.58	0.04	0.76	-0.65	0.15	7.73	28.91
2002	106.90	39.66	11.73	51.39	0.18	2.83	3.02	0.05	0.95	4.19	5.20	8.21	40.54
2003	102.70	40.57	9.85	50.43	0.19	10.93	11.12	0.04	0.67	8.65	9.36	20.48	29.99
2004	91.50	45.58	10.22	55.80	0.19	11.87	12.06	0.05	0.73	6.57	7.35	19.40	26.04
2005	96.50	44.67	11.06	55.73	0.19	9.47	9.66	0.05	0.73	3.51	4.28	13.95	32.89
2006	83.20	53.68	14.03	67.70	0.16	1.35	1.50	0.06	1.02	1.63	2.72	4.22	29.78
2007	85.00	53.67	13.61	67.28	0.18	-4.36	-4.18	0.04	0.74	8.47	9.25	5.07	30.07
2008	84.40	50.06	11.10	61.16	0.18	6.34	6.52	0.05	0.94	6.10	7.09	13.60	26.00
2009	68.30	54.70	16.33	71.02	0.16	2.91	3.07	0.04	0.83	7.26	8.13	11.21	18.37
2010	95.00	34.87	11.27	46.15	0.19	-1.97	-1.78	0.04	0.59	-1.88	-1.25	-3.03	57.79
2011	89.10	39.99	12.38	52.37	0.19	3.82	4.00	0.05	0.75	1.10	1.90	5.90	42.03
2012	88.70	38.94	7.64	46.58	0.18	1.61	1.79	0.05	0.77	6.97	7.78	9.58	44.08
2013	76.20	40.00	11.61	51.61	0.16	12.28	12.44	0.05	0.81	1.84	2.71	15.15	34.21
2014	61.04	53.05	13.34	66.38	0.16	12.55	12.71	0.05	1.00	-13.16	-12.11	0.60	32.99
2015	86.53	40.25	6.76	47.01	0.18	4.65	4.83	0.00	0.06	-0.12	-0.05	4.77	48.23

（续表）

年份	来水量/亿m³	引水量占比/%			河损水量占比/%									下泄水量占比/%
		出山口—西大桥	西大桥—拦河闸下泄	合计	出山口—西大桥			西大桥—拦河闸下泄				合计	
					蒸发	渗漏	小计	蒸发	渗漏	漫溢	小计		
2016	83.94	44.02	9.34	53.36	0.17	-0.07	0.10	0.00	-0.07	-0.08	-0.16	-0.06	46.70
2017	96.99	41.22	8.17	49.39	0.22	-3.41	-3.19	-0.04	-0.51	4.88	4.34	1.15	49.47
均值	87.70	44.39	11.19	55.58	0.18	4.47	4.65	0.04	0.62	2.96	3.62	8.27	36.79

6.2.3.2　阿克苏河不同河段渗漏水量规律

根据阿克苏河不同河段水量平衡过程，分别拟合上下断面来水量、河段耗水量、河损水量与渗漏水量关系模型，并筛选出拟合效果较优的关系模型（以拟合优度接近或大于0.8为宜）。结合阿克苏河流域不同河段水量耗散规律，得出不同河段渗漏水量的计算过程。阿克苏河出山口断面（沙里桂兰克和协合拉）至西大桥河段耗水量与渗漏水量之间存在极显著的线性关系（$y=0.863\,5x-11.206$，$R^2=0.834\,4$，$P<0.001$）（图6-25），且该河段蒸发水量相对较为稳定，为（0.16 ± 0.03）亿m³。而西大桥—拦河闸河段渗漏水量除极个别年份外相对稳定，均值为0.65亿m³，因此可将这一水量视为河段渗漏水量。

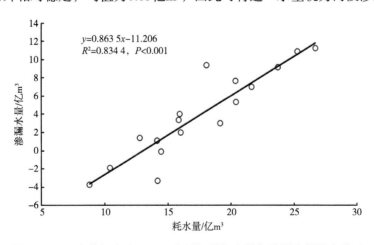

图6-25　阿克苏河出山口—西大桥河段耗水量与渗漏水量拟合关系

6.2.4　和田河渗漏水量变化特点

6.2.4.1　和田河水量平衡过程

利用2006—2017年和田河乌鲁瓦提出库、吐直鲁克、同古孜洛克、艾格利亚及肖塔的断面径流数据，各河段的引水量、退水量数据，借助水量平衡原理、水面蒸发计算公式等，定量分析2006—2017年和田河各河段逐年各耗水项水量及占比，结果如表6-30和表6-31所示，并对比综合治理前后各耗水项水量及占比，结果如表6-32和表6-33所示。

根据表6-30和表6-31，2006—2017年，和田河多年平均来水量为52.03亿m³，引水量、河损水量和下泄水量分别为23.95亿m³、15.41亿m³和12.61亿m³，分别占来水量的46.03%、29.62%和24.24%。其中，喀拉喀什河和玉龙喀什河引水量分别为15.42亿m³和8.53亿m³，分别占来水量的29.63%和16.40%；河损水量中蒸发、渗漏和漫溢水量分别为3.96亿m³、9.69亿m³和1.76亿m³，分别占来水量的7.62%、18.63%和3.38%。

根据表6-32和表6-33，相比2006—2011年，2012—2017年和田河来水量平均增加了5.50亿m³，而引水量减少了2.06亿m³，河损增加了0.50亿m³，下泄水量增加了6.96亿m³。引水量占比由50.69%减少至41.84%，而下泄水量占比由18.53%增加至29.37%。

表6-30　和田河水量平衡过程　　　　　　　　　　　　　　　　单位：亿m³

年份	来水量	引水量			河损水量				下泄水量
		喀拉喀什河	玉龙喀什河	合计	蒸发	渗漏	漫溢	合计	
2006	59.24	16.55	9.12	25.67	2.21	9.22	1.87	13.3	20.24
2007	42.22	16.12	8.88	25.00	3.28	9.55	1.51	14.34	2.88
2008	43.64	14.73	8.70	23.43	3.78	12.03	1.61	17.42	2.79
2009	35.34	16.20	9.03	25.23	2.79	5.37	0.44	8.59	1.52
2010	65.80	15.78	8.08	23.86	5.24	13.34	2.23	20.80	21.15
2011	49.43	17.54	9.15	26.69	4.16	11.16	1.21	16.53	6.22
2012	58.61	14.30	8.30	22.60	4.65	13.59	2.72	20.96	15.07
2013	62.68	14.78	8.67	23.45	4.08	8.93	4.87	17.88	21.35
2014	41.52	14.34	8.23	22.57	3.67	7.11	0.26	11.04	7.91
2015	54.51	16.24	8.73	24.97	4.64	8.90	0.57	14.12	15.43
2016	56.96	14.82	7.91	22.73	6.13	9.63	0.85	16.59	17.64
2017	54.38	13.61	7.57	21.18	2.94	7.47	2.95	13.38	19.12
均值	52.03	15.42	8.53	23.95	3.96	9.69	1.76	15.41	12.61

表6-31　和田河各耗水项水量占比

年份	来水量/亿m³	引水量占比/%			河损水量占比/%				下泄水量占比/%
		喀拉喀什河	玉龙喀什河	合计	蒸发	渗漏	漫溢	合计	
2006	59.24	27.94	15.40	43.33	3.73	15.56	3.16	22.45	34.17
2007	42.22	38.18	21.03	59.21	7.77	22.62	3.58	33.96	6.82

（续表）

年份	来水量/亿m³	引水量占比/%			河损水量占比/%				下泄水量占比/%
		喀拉喀什河	玉龙喀什河	合计	蒸发	渗漏	漫溢	合计	
2008	43.64	33.75	19.94	53.69	8.66	27.57	3.69	39.92	6.39
2009	35.34	45.84	25.55	71.39	7.89	15.20	1.25	24.31	4.30
2010	65.80	23.98	12.28	36.26	7.96	20.27	3.39	31.61	32.14
2011	49.43	35.48	18.51	54.00	8.42	22.58	2.45	33.44	12.58
2012	58.61	24.40	14.16	38.56	7.93	23.19	4.64	35.76	25.71
2013	62.68	23.58	13.83	37.41	6.51	14.25	7.77	28.53	34.06
2014	41.52	34.54	19.82	54.36	8.84	17.12	0.63	26.59	19.05
2015	54.51	29.79	16.02	45.81	8.51	16.33	1.05	25.90	28.31
2016	56.96	26.02	13.89	39.91	10.76	16.91	1.49	29.13	30.97
2017	54.38	25.03	13.92	38.95	5.41	13.74	5.42	24.60	35.16
均值	52.03	29.63	16.40	46.03	7.62	18.63	3.38	29.62	24.24

表6-32　和田河不同时段各耗水项水量　　　　　　　单位：亿m³

时段	来水量	引水量			河损水量				下泄水量
		喀拉喀什河	玉龙喀什河	合计	蒸发	渗漏	漫溢	合计	
2006—2011	49.28	16.15	8.83	24.98	3.58	10.11	1.48	15.16	9.13
2012—2017	54.78	14.68	8.24	22.92	4.35	9.27	2.04	15.66	16.09
2006—2017	52.03	15.42	8.53	23.95	3.96	9.69	1.76	15.41	12.61

表6-33　和田河不同时段各耗水项水量占比

时段	来水量/亿m³	引水量占比/%			河损水量占比/%				下泄水量占比/%
		喀拉喀什河	玉龙喀什河	合计	蒸发	渗漏	漫溢	合计	
2006—2011	49.28	32.78	17.91	50.69	7.26	20.52	3.00	30.77	18.53
2012—2017	54.78	26.80	15.03	41.84	7.94	16.93	3.72	28.59	29.37
2006—2017	52.03	29.63	16.40	46.03	7.62	18.63	3.38	29.62	24.24

6.2.4.2　和田河不同河段渗漏水量规律

根据和田河不同河段水量平衡过程，分别拟合上下断面来水量、河段耗水量、河损水量与渗漏水量关系模型，并筛选出拟合效果较优的关系模型。结合和田河流域不同河段水量耗散规律，得出不同河段渗漏水量的计算过程。和田河乌鲁瓦提—吐直鲁克河段耗水量与渗漏水量之间存在极显著的正相关关系，且拟合优度较好（$y=-0.015\ 8x^2+1.19x-13.648$，$R^2=0.711\ 4$，$P<0.001$）（图6-26）；同古孜洛克—艾格利亚河段耗水量与渗漏水量之间存在极显著的正相关关系，且拟合优度相对较好（$y=-0.080\ 7x^2+2.562\ 3x-16.251$，$R^2=0.671\ 8$，$P<0.01$）（图6-27）；吐直鲁克+艾格利亚—肖塔河段耗水量与渗漏水量之间也存在极显著的正相关关系，且拟合优度较好（$y=0.069\ 6x^2-0.152\ 6x+0.572\ 8$，$R^2=0.805\ 1$，$P<0.001$）（图6-28）。

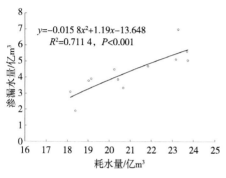

图6-26　和田河乌鲁瓦提—吐直鲁克
河段耗水量与渗漏水量拟合关系

图6-27　和田河同古孜洛克—艾格利亚河段耗
水量与渗漏水量拟合关系

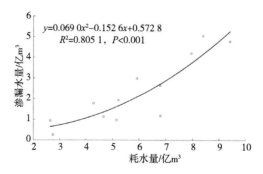

图6-28　和田河吐直鲁克+艾格利亚—肖塔河段耗水量与渗漏水量拟合关系

6.2.5　叶尔羌河渗漏水量变化特点

6.2.5.1　叶尔羌河水量平衡过程

利用2001—2017年叶尔羌河的喀群、喀群渠首下泄、48团渡口及黑尼亚孜与提孜那甫河江卡、江卡下泄及黑孜阿瓦提断面径流数据，各河段的引水量、退水量数据等，定量分析2001—2017年叶尔羌河各河段逐年各耗水项水量及占比，结果如表6-34和表6-35所示，并对比综合治理前后各耗水项水量及占比，结果如表6-36和表6-37所示。

根据表6-34和表6-35，2001—2017年，叶尔羌河多年平均来水量为82.93亿m³，引水量、河损水量及下泄水量黑尼亚孜分别为46.89亿m³、27.49亿m³及2.34亿m³，其分别占来水量的56.54%、33.15%及2.82%。其中，河损水量中蒸发、渗漏及漫溢水量分别为0.60亿m³、20.58亿m³及6.32亿m³，其分别占来水量的0.72%、24.81%及7.62%。

根据表6-36和表6-37，相比2001—2011年，2012—2017年叶尔羌河来水量平均增加了9.94亿m³，引水量增加了6.18亿m³，河损水量增加了0.06亿m³，下泄水量（黑尼亚孜）增加了5.13亿m³。引水量占比由56.29%增加至56.95%，而下泄水量（黑尼亚孜）比例由0.66%增加至6.33%。

表6-34　叶尔羌河水量平衡过程　　　　　　　　　单位：亿m³

| 年份 | 来水量 | 引水量 | | | 河损水量 | | | | | | | | | | 下泄水量 |
| | | 叶尔羌河 | 提孜那甫河 | 合计 | 叶尔羌河 | | | | 提孜那甫河 | | | | 合计 | |
					蒸发	渗漏	漫溢	小计	蒸发	渗漏	漫溢	小计		
2001	84.04	46.23	1.22	47.45	0.65	20.50	5.66	26.81	0.03	2.86	1.91	4.80	31.61	0.00
2002	70.35	42.40	1.79	44.19	0.49	13.89	4.24	18.62	0.03	1.39	-0.12	1.30	19.92	0.00
2003	75.91	44.86	1.43	46.29	0.59	15.08	4.23	19.90	0.03	2.97	1.73	4.73	24.63	0.00
2004	68.18	38.72	0.53	39.25	0.47	14.15	4.45	19.07	0.03	3.00	2.98	6.01	25.08	0.00
2005	94.99	40.55	2.05	42.60	0.75	27.23	10.32	38.30	0.03	1.09	-1.70	-0.58	37.72	2.53
2006	94.83	47.25	1.31	48.56	0.72	24.88	7.48	33.08	0.03	2.30	2.69	5.02	38.10	2.63
2007	79.45	47.75	-1.61	46.14	0.60	17.39	4.64	22.63	0.02	2.13	1.26	3.41	26.04	0.00
2008	86.86	51.46	-2.59	48.87	0.66	20.12	7.27	28.05	0.02	1.46	0.22	1.70	29.75	0.17
2009	57.78	34.68	0.27	34.95	0.36	11.66	3.76	15.78	0.02	1.70	0.12	1.84	17.62	0.46
2010	88.59	45.50	2.03	47.53	0.69	23.59	7.10	31.38	0.03	2.25	-1.69	0.59	31.97	0.46
2011	72.69	45.54	0.41	45.95	0.45	14.08	3.78	18.31	0.04	2.67	-1.30	1.41	19.72	0.00
2012	105.99	48.90	2.17	51.07	0.75	26.51	13.81	41.07	0.03	1.53	-0.82	0.74	41.81	4.70
2013	102.76	45.72	2.01	47.73	0.75	26.74	8.43	35.92	0.03	3.12	0.39	3.53	39.45	7.85
2014	76.05	46.13	4.00	50.13	0.52	15.26	4.44	20.22	0.03	1.05	-0.40	0.68	20.90	1.95
2015	75.60	47.84	4.28	52.12	0.42	12.25	2.73	15.40	0.03	2.52	0.39	2.94	18.34	2.38
2016	82.50	50.48	3.55	54.03	0.36	12.38	3.27	16.01	0.03	2.07	-0.01	2.09	18.10	6.32
2017	93.25	45.04	5.24	50.28	0.44	18.38	5.93	24.75	0.03	1.51	0.26	1.80	26.55	10.76
均值	82.93	45.24	1.65	46.89	0.57	18.48	5.97	25.02	0.03	2.10	0.35	2.47	27.49	2.34

表6-35　叶尔羌河各耗水项水量占比

| 年份 | 来水量/亿m³ | 引水量占比/% | | | 河损水量占比/% | | | | | | | | | | 下泄水量占比/% |
| | | 叶尔羌河 | 提孜那甫河 | 合计 | 叶尔羌河 | | | | 提孜那甫河 | | | | 合计 | |
					蒸发	渗漏	漫溢	小计	蒸发	渗漏	漫溢	小计		
2001	84.04	55.01	1.45	56.46	0.77	24.39	6.73	31.90	0.04	3.40	2.27	5.71	37.61	0.00

（续表）

年份	来水量/亿m³	引水量占比/%			河损水量占比/%									合计	下泄水量占比/%
		叶尔羌河	提孜那甫河	合计	叶尔羌河				提孜那甫河						
					蒸发	渗漏	漫溢	小计	蒸发	渗漏	漫溢	小计			
2002	70.35	60.27	2.54	62.81	0.70	19.74	6.03	26.47	0.04	1.98	-0.17	1.85	28.32	0.00
2003	75.91	59.10	1.88	60.98	0.78	19.87	5.57	26.22	0.04	3.91	2.28	6.23	32.45	0.00
2004	68.18	56.79	0.78	57.57	0.69	20.75	6.53	27.97	0.04	4.40	4.37	8.81	36.78	0.00
2005	94.99	42.69	2.16	44.85	0.79	28.67	10.86	40.32	0.03	1.15	-1.79	-0.61	39.71	2.66
2006	94.83	49.83	1.38	51.21	0.76	26.24	7.89	34.88	0.03	2.43	2.84	5.29	40.18	2.77
2007	79.45	60.10	-2.03	58.07	0.76	21.89	5.84	28.48	0.03	2.68	1.59	4.29	32.78	0.00
2008	86.86	59.24	-2.98	56.26	0.76	23.16	8.37	32.29	0.02	1.68	0.25	1.96	34.25	0.20
2009	57.78	60.02	0.47	60.49	0.62	20.18	6.51	27.31	0.03	2.94	0.21	3.18	30.49	0.00
2010	88.59	51.36	2.29	53.65	0.78	26.63	8.01	35.42	0.03	2.54	-1.91	0.67	36.09	0.52
2011	72.69	62.65	0.56	63.21	0.62	19.37	5.20	25.19	0.06	3.67	-1.79	1.94	27.13	0.00
2012	105.99	46.14	2.05	48.18	0.71	25.01	13.03	38.75	0.03	1.44	-0.77	0.70	39.45	4.43
2013	102.76	44.49	1.96	46.45	0.73	26.02	8.20	34.96	0.02	3.04	0.38	3.44	38.39	7.64
2014	76.05	60.66	5.26	65.92	0.68	20.07	5.84	26.59	0.04	1.38	-0.53	0.89	27.48	2.56
2015	75.60	63.28	5.66	68.94	0.56	16.20	3.61	20.37	0.04	3.33	0.52	3.89	24.26	3.15
2016	82.50	61.19	4.30	65.49	0.44	15.01	3.96	19.41	0.04	2.51	-0.01	2.53	21.94	7.66
2017	93.25	48.30	5.62	53.92	0.47	19.71	6.36	26.54	0.03	1.62	0.28	1.93	28.47	11.54
均值	82.93	54.55	1.99	56.54	0.69	22.28	7.20	30.17	0.03	2.53	0.42	2.98	33.15	2.82

表6-36 叶尔羌河不同时段各耗水项水量　　　　　　　　单位：亿m³

时段	来水量	引水量			河损水量									合计	下泄水量
		叶尔羌河	提孜那甫河	合计	叶尔羌河				提孜那甫河						
					蒸发	渗漏	漫溢	小计	蒸发	渗漏	漫溢	小计			
2001—2011年	79.42	44.09	0.62	44.71	0.58	18.42	5.72	24.72	0.03	2.17	0.55	2.75	27.47	0.53
2012—2017年	89.36	47.35	3.54	50.89	0.54	18.59	6.44	25.56	0.03	1.97	-0.03	1.96	27.53	5.66
2001—2017年	82.93	45.24	1.65	46.89	0.57	18.48	5.97	25.02	0.03	2.10	0.35	2.47	27.49	2.34

表6-37 叶尔羌河不同时段各耗水项水量占比

时段	来水量/亿m³	引水量占比/%			河损水量占比/%									合计	下泄水量占比/%
		叶尔羌河	提孜那甫河	合计	叶尔羌河				提孜那甫河						
					蒸发	渗漏	漫溢	小计	蒸发	渗漏	漫溢	小计			
2001—2011年	79.42	55.51	0.78	56.29	0.74	23.19	7.20	31.13	0.04	2.73	0.70	3.46	34.59	0.66
2012—2017年	89.36	52.99	3.96	56.95	0.60	20.80	7.20	28.61	0.03	2.20	-0.04	2.20	30.80	6.33
2001—2017年	82.93	54.55	1.99	56.54	0.69	22.28	7.20	30.17	0.03	2.53	0.42	2.98	33.15	2.82

6.2.5.2 叶尔羌河不同河段渗漏水量规律

根据叶尔羌河不同河段水量平衡过程，分别拟合上下断面来水量、河段耗水量、河损水量与渗漏水量关系模型，并筛选出拟合效果较优的关系模型。结合叶尔羌河流域不同河段水量耗散规律，得出不同河段渗漏水量的计算过程。叶尔羌河喀群（下泄）—48团渡口河段耗水量与渗漏水量之间存在显著的正相关关系（$y=-0.008\,0x^2+0.911\,7x-3.402\,7$，$R^2=0.646\,1$，$P<0.01$）（图6-29）；48团渡口下泄水量与48团渡口—黑尼亚孜河段渗漏水量之间存在极显著的正相关关系，且拟合优度相对较好（$y=0.000\,2x^2+0.413\,3x-1.211\,4$，$R^2=0.877\,1$，$P<0.001$）（图6-30）；江卡—黑孜阿瓦提河段渗漏水量与断面来水及区间耗水量均不存在显著的相关关系；而喀群（下泄）+江卡（下泄）—黑尼亚孜河段，区间耗水量与渗漏水量存在极显著的正关系，且拟合优度较好（$y=0.008\,5x^2-0.213\,6x+13.731\,0$，$R^2=0.853\,9$，$P<0.001$）（图6-31）。

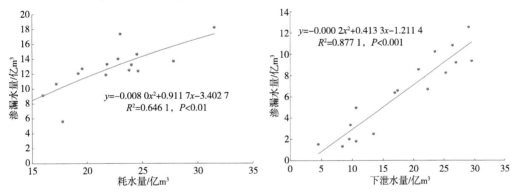

图6-29　叶尔羌河喀群（下泄）—48团渡口耗　　图6-30　48团渡口下泄水量与48团渡口—黑
　　　　水量与渗漏水量关系　　　　　　　　　　　　　　尼亚孜河渗漏水量关系

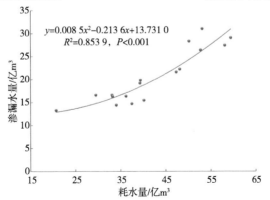

图6-31　喀群（下泄）+江卡（下泄）—黑尼亚孜区间耗水量与渗漏水量关系

6.2.6 开都—孔雀河渗漏水量变化特点

6.2.6.1 开都—孔雀河水量平衡特点

利用2001—2017年的开都—孔雀河大山口、宝浪苏木、塔什店及阿恰枢纽的断面径流数据，河段引水量、退水量数据，2001—2013年博斯腾湖的蓄变量数据，2014—2017年博斯腾湖的年初年末水位数据，博斯腾湖库容曲线等资料，定量分析2001—2017年叶尔羌河各河段逐年各耗水项水量及占比，结果如表6-38和表6-39所示，并对比综合治理前后各耗水项水量及占比，结果如表6-40和表6-41所示。

根据表6-38和表6-39，2001—2017年开都—孔雀河多年平均来水量为38.71亿m³，引水量、河（湖）损水量、博湖蓄变量和下泄水量分别为17.43亿m³、19.74亿m³、-0.68亿m³和2.38亿m³，分别占来水量的45.02%、50.98%、-1.77%和6.15%。其中，河（湖）损水量中蒸发和渗漏水量分别为8.25亿m³和11.48亿m³，其分别占来水量的21.32%和29.67%。

根据表6-40和表6-41，相比2001—2011年，2012—2017年开都—孔雀河来水量平均减少了5.16亿m³，引水量减少了3.66亿m³，河（湖）损减少了3.66亿m³，博湖蓄变量由年均减少2.64亿m³变为年均增加2.9亿m³。引水量占比由46.19%减少至42.57%。

表6-38 开都—孔雀河水量平衡过程 单位：亿m³

| 年份 | 来水量 | 引水量 | | | | 河（湖）损水量 | | | | | | | | | | | 博湖蓄变量 | 下泄水量 |
| | | 开都河 | 博斯腾湖 | 孔雀河 | 合计 | 开都河 | | | 博斯腾湖 | | | 孔雀河 | | | 合计 | | | |
						蒸发	渗漏	小计	蒸发	渗漏	小计	蒸发	渗漏	小计				
2001	42.60	11.86	0.00	9.61	21.47	0.03	1.66	1.69	9.35	-0.41	8.94	0.08	6.23	6.31	16.94		-6.03	10.24
2002	57.09	10.36	0.00	9.40	19.76	0.03	1.82	1.85	9.75	-1.14	8.61	0.09	8.10	8.18	18.64		9.75	8.97
2003	37.04	10.53	0.00	8.41	18.94	0.02	3.90	3.92	9.59	-3.47	6.12	0.07	8.65	8.72	18.76		-8.20	7.60
2004	34.89	12.42	0.00	8.70	21.12	0.02	3.94	3.96	9.11	-0.25	8.86	0.07	6.48	6.55	19.37		-10.39	4.82
2005	35.82	10.19	0.02	7.70	17.91	0.02	4.35	4.37	8.50	-1.39	7.11	0.08	6.08	6.16	17.64		0.00	3.16
2006	40.34	10.73	0.02	8.25	19.00	0.02	8.24	8.26	8.28	-0.79	7.49	0.08	8.13	8.21	23.96		-4.21	1.63
2007	38.18	10.24	0.02	8.32	18.58	0.02	6.03	6.05	8.00	0.11	8.11	0.08	6.69	6.77	20.93		-3.60	2.28
2008	38.79	9.91	0.02	6.76	16.69	0.02	6.90	6.92	7.78	0.14	7.92	0.08	8.09	8.17	23.01		-2.33	1.44
2009	37.91	9.65	0.02	8.21	17.88	0.02	9.78	9.80	7.57	-1.15	6.42	0.08	8.99	9.07	25.29		-6.31	1.05
2010	43.42	9.00	0.02	7.91	16.93	0.03	5.08	5.11	7.53	1.67	9.20	0.08	8.64	8.72	23.03		3.26	0.16
2011	39.74	8.98	0.02	8.67	17.67	0.02	8.49	8.51	7.50	-1.34	6.16	0.08	7.80	7.88	22.55		-0.94	0.47
2012	31.57	8.16	0.02	8.97	17.15	0.02	3.76	3.78	7.29	3.81	11.10	0.03	4.59	4.62	19.50		-5.06	0.00
2013	30.60	7.69	0.05	6.96	14.70	0.02	3.09	3.11	7.15	3.05	10.20	0.02	2.57	2.59	15.90		0.00	0.00
2014	30.68	5.70	0.00	7.29	12.99	0.02	5.55	5.57	7.17	0.98	8.15	0.02	2.22	2.24	15.96		1.73	0.00
2015	37.58	6.03	0.00	7.63	13.66	0.03	5.40	5.43	7.49	0.84	8.33	0.03	3.74	3.77	17.53		6.40	0.00
2016	39.60	6.53	0.00	9.33	15.86	0.02	3.02	3.04	8.11	-0.26	7.85	0.03	3.42	3.45	14.34		9.39	0.00
2017	42.20	6.60	0.00	9.39	15.99	0.03	4.74	4.77	8.65	0.25	8.90	0.08	8.40	8.48	22.15		4.91	-1.37
均值	38.71	9.09	0.01	8.32	17.43	0.02	5.04	5.07	8.17	0.04	8.20	0.06	6.40	6.46	19.74		-0.68	2.38

表6-39　开都—孔雀河各耗水项水量占比

年份	来水量/亿m³	引水量占比/%				河（湖）损水量占比/%												博湖蓄变量占比/%	下泄水量占比/%
		开都河	博斯腾湖	孔雀河	合计	开都河			博斯腾湖			孔雀河			合计				
						蒸发	渗漏	小计	蒸发	渗漏	小计	蒸发	渗漏	小计					
2001	42.60	27.84	0.00	22.56	50.40	0.07	3.90	3.97	21.95	-0.96	20.99	0.18	14.62	14.81	39.76			-14.15	24.04
2002	57.09	18.15	0.00	16.47	34.61	0.05	3.19	3.24	17.08	-2.00	15.08	0.14	14.19	14.32	32.65			17.08	15.71
2003	37.04	28.43	0.00	22.71	51.13	0.05	10.53	10.58	25.89	-9.37	16.52	0.19	23.35	23.55	50.65			-22.14	20.52
2004	34.89	35.60	0.00	24.94	60.53	0.06	11.29	11.35	26.11	-0.72	25.39	0.19	18.57	18.76	55.51			-29.78	13.81
2005	35.82	28.45	0.04	21.50	49.99	0.06	12.14	12.20	23.73	-3.88	19.85	0.22	16.97	17.19	49.24			0.00	8.82
2006	40.34	26.60	0.04	20.45	47.09	0.05	20.43	20.48	20.53	-1.96	18.57	0.20	20.15	20.36	59.40			-10.44	4.04
2007	38.18	26.82	0.04	21.79	48.65	0.05	15.79	15.85	20.95	0.29	21.24	0.21	17.52	17.73	54.82			-9.43	5.97
2008	38.79	25.55	0.04	17.43	43.01	0.05	17.79	17.84	20.06	0.36	20.42	0.20	20.86	21.06	59.31			-6.01	3.71
2009	37.91	25.46	0.04	21.66	47.15	0.05	25.80	25.85	19.97	-3.03	16.93	0.22	23.71	23.93	66.72			-16.64	2.77
2010	43.42	20.73	0.03	18.22	38.98	0.07	11.70	11.77	17.34	3.85	21.19	0.18	19.90	20.08	53.04			7.51	0.37
2011	39.74	22.60	0.04	21.82	44.45	0.05	21.36	21.41	18.87	-3.37	15.50	0.20	19.63	19.83	56.74			-2.37	1.18
2012	31.57	25.85	0.05	28.41	54.31	0.06	11.91	11.97	23.09	12.07	35.16	0.10	14.54	14.64	61.77			-16.03	0.00
2013	30.60	25.13	0.17	22.75	48.05	0.07	10.10	10.16	23.37	9.97	33.33	0.08	8.40	8.47	51.97			0.00	0.00
2014	30.68	18.58	0.00	23.76	42.34	0.07	18.09	18.16	23.37	3.19	26.56	0.07	7.24	7.30	52.02			5.64	0.00
2015	37.58	16.05	0.00	20.30	36.35	0.08	14.37	14.45	19.93	2.24	22.17	0.07	9.95	10.02	46.64			17.03	0.00
2016	39.60	16.49	0.00	23.56	40.05	0.05	7.63	7.68	20.48	-0.66	19.82	0.08	8.64	8.71	36.21			23.71	0.00
2017	42.20	15.64	0.00	22.25	37.89	0.07	11.23	11.30	20.50	0.59	21.09	0.19	19.91	20.09	52.49			11.64	-3.25
均值	38.71	23.49	0.03	21.50	45.02	0.06	13.03	13.09	21.10	0.10	21.19	0.16	16.54	16.70	50.98			-1.77	6.15

表6-40　开都—孔雀河不同时段各耗水项水量　　　　　　　　单位：亿m³

时段	来水量	引水量				河（湖）损水量										博湖蓄变量	下泄水量
		开都河	博斯腾湖	孔雀河	合计	开都河			博斯腾湖			孔雀河			合计		
						蒸发	渗漏	总量	蒸发	渗漏	总量	蒸发	渗漏	总量			
2001—2011年	40.53	10.35	0.01	8.36	18.72	0.02	5.47	5.49	8.45	-0.73	7.72	0.08	7.63	7.70	20.92	-2.64	3.80
2012—2017年	35.37	6.79	0.01	8.26	15.06	0.02	4.26	4.28	7.64	1.45	9.09	0.04	4.16	4.19	17.56	2.90	-0.23
2001—2017年	38.71	9.09	0.01	8.32	17.43	0.02	5.04	5.07	8.17	0.04	8.20	0.06	6.40	6.46	19.74	-0.68	2.38

表6-41　开都—孔雀河不同时段各耗水项水量占比

时段	来水量/亿m³	引水量占比/%				河（湖）损水量占比/%											博湖蓄变量	下泄水量
		开都河	博斯腾湖	孔雀河	合计	开都河			博斯腾湖			孔雀河			合计			
						蒸发	渗漏	小计	蒸发	渗漏	小计	蒸发	渗漏	小计				
2001—2011年	40.53	25.54	0.02	20.62	46.19	0.06	13.50	13.56	20.85	-1.80	19.05	0.19	18.81	19.01	51.62		-6.50	9.38
2012—2017年	35.37	19.18	0.03	23.36	42.57	0.07	12.04	12.11	21.61	4.09	25.69	0.10	11.75	11.85	49.66		8.18	-0.65
2001—2017年	38.71	23.49	0.03	21.50	45.02	0.06	13.03	13.09	21.10	0.10	21.19	0.16	16.54	16.70	50.98		-1.77	6.15

6.2.6.2　开都—孔雀河不同河段渗漏水量规律

根据开都—孔雀河不同河段水量平衡过程，分别拟合上下断面来水量、河段耗水量、河损水量与渗漏水量关系模型，并筛选出拟合效果较优的关系模型。结合开都—孔雀河流域不同河段水量耗散规律，得出不同河段渗漏水量的计算过程。开都河大山口—宝浪苏木河段耗水量与渗漏水量之间存在极显著的正相关关系，且拟合优度较好（$y=0.063\,0x^2+1.261\,5x-9.956\,7$，$R^2=0.761\,9$，$P<0.001$）（图6-32）；孔雀河塔什店—阿恰枢纽河段耗水量与渗漏水量之间存在极显著的正相关关系，且拟合优度相对较好（$y=0.023\,9x^2+0.182\,3x-1.624\,0$，$R^2=0.901\,6$，$P<0.001$）（图6-33）。

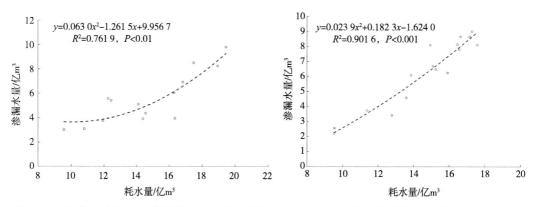

图6-32　开都河大山口—宝浪苏木河段耗水量与　　　图6-33　孔雀河塔什店—阿恰枢纽河段耗水
渗漏水量拟合关系　　　　　　　　　　　量与渗漏水量拟合关系

6.2.6.3　博斯腾湖库容-水位-蒸发关系

根据博斯腾湖水位、面积、库容及总蒸发量数据，分别拟合得到水位-水面面积、水位-总蒸发量及水位-库容的关系模型（图6-34至图6-36）。博斯腾湖年耗水量可由入湖水量与出湖水量差值计算得来。湖区整体水量消耗主要包括蒸发、侧渗两部分，因此可根据湖区耗水量、湖区蒸发量和湖区蓄变量变化，计算得到博斯腾湖侧渗水量，即得到博斯腾湖湖区水量平衡关系。

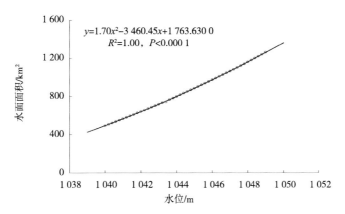

图6-34　博斯腾湖水位与水面面积关系模型

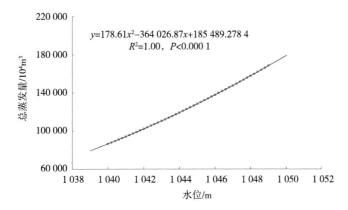

图6-35　博斯腾湖水位与总蒸发量关系模型

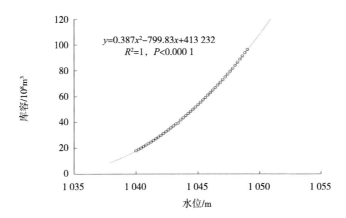

图6-36　博斯腾湖水位与库容关系模型

第7章

塔里木河流域天然植被及重点敏感对象生态需水过程

7.1 天然植被生态需水过程

7.1.1 天然植被耗水过程与天然植被落种时间

7.1.1.1 天然植被耗水量测定

（1）胡杨耗水量测定

对塔里木河上游上段阿拉尔垦区胡杨进行耗水监测。考虑要满足胡杨林的基本生态需水要求，因此选择长势较好（胸径平均22 cm，树高平均15 m）的成年林进行试验研究。在胡杨林样地，与胡杨呈十字交叉各布设4个3.5 m的中子仪水分监测管和一口5 m深的地下井，且每隔5～10 d监测1次土壤水分及地下水埋深。连续测量超过5年。根据水量平衡原理计算该区胡杨耗水量。

（2）柽柳耗水量测定

在塔里木河上游上段选取具有代表性的柽柳灌丛，布设一个3.5 m中子仪水分监测管和一口5 m深的地下水位监测井，且每隔10～15 d监测1次地下水位及土壤含水量。连续测量时间为3年。根据水量平衡原理计算柽柳耗水量。

（3）芦苇耗水量测定

2002年11月2日至2005年12月28日，在中国科学院阿克苏水平衡试验站挖取面积10 m²、深2 m的有地可测试验池，种植芦苇并促其分根萌蘖。而后在生长的芦苇丛中布设一个3 m的中子仪水分监测管和一口3 m的地下水位监测井，每隔5～10 d监测1次土壤含水量及地下水位。连续测量时间为3年。芦苇丛耗水量根据水量平衡原理计算。

7.1.1.2 植物落种时间调查

塔里木河流域荒漠河岸林等植被类型区所包含的植物物种主要有胡杨、灰杨、沙枣等乔木，柽柳、黑果枸杞、铃铛刺、盐穗木等灌木和半灌木，芦苇、花花柴等多年生草本，猪毛菜、盐生草等一年生草本（表7-1）。结合《中国植物志》《新疆植物志》等相关资料，并结合多年实地调查，统计不同月份主要物种的落种量。

表7-1 塔里木河流域常见植物种

植被类群	科名	植物名	植物拉丁名
一年生草本	藜科	猪毛菜	*Salsola collina*
	藜科	盐生草	*Halogeton glomeratus*
多年生草本	禾本科	芦苇	*Phragmites australis*
	香蒲科	香蒲	*Typha orientalis*
	豆科	疏叶骆驼刺	*Alhagi sparsifolia*
	豆科	胀果甘草	*Glycyrrhiza inflata*
	菊科	花花柴	*Karelinia caspia*
	菊科	蓼子朴	*Inula salsolodides*
	夹竹桃科	罗布麻	*Apocynum venetum*
半灌木	藜科	盐穗木	*Halostachys caspica*
灌木	柽柳科	多枝柽柳	*Tamarix ramosissima*
	柽柳科	刚毛柽柳	*Tamarix hispida*
	柽柳科	多花柽柳	*Tamarix hohenackeri*
	柽柳科	长穗柽柳	*Tamarix elongate*
	茄科	黑果枸杞	*Lycium ruthenicum*
	豆科	铃铛刺	*Halimodendron halodendron*
乔木	杨柳科	胡杨	*Populus euphratica*
	胡颓子科	尖果沙枣	*Elaeagnus oxycarpa*

7.1.2 典型植物生态耗水过程

在塔里木河，计算不同植物的耗水量，为揭示荒漠河岸林生态需水规律及机理、确定其生态需水量提供了理论依据。因此，本研究选取塔里木河上游上段荒漠河岸林3种优势植物种胡杨（乔木林优势种）、柽柳（灌木丛优势种）和芦苇（草本优势种）作为典型代表，测定其月蒸腾过程。

7.1.2.1 胡杨耗水过程分析

作为塔里木河荒漠河岸林的建群种，胡杨林是维系绿洲存在的天然屏障。本研究选取塔里木河上游（阿拉尔至新渠满）为研究区，选择长势较好的胡杨作为研究对象，并根据水量平衡原理计算得到胡杨的日耗水量（图7-1）。

由图7-1可知，在一年中，胡杨的日耗水量大都呈现先升高后降低的趋势，峰值一般出现在5—6月或8月，平均日耗水量为3.47 mm。

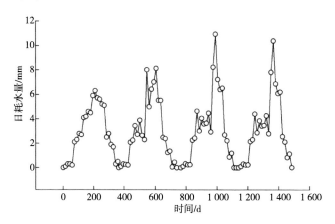

图7-1　胡杨日耗水量变化过程

由图7-2可知，胡杨在1月的日耗水量最小（0.19 mm），而随后逐渐增加，至7月出现最大值（8.41 mm），7—12月逐渐下降。对不同年份各月耗水量进行平均，7月月平均日耗水量达到6.49 mm，为年内最大值。月平均日耗水量的最小值在1月，仅为7月的6.2%。

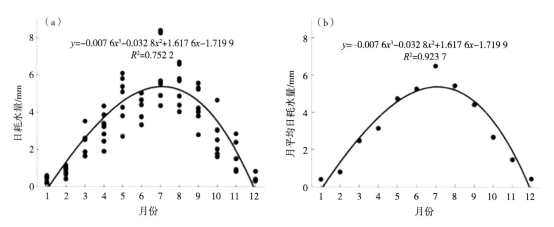

图7-2　胡杨日耗水量的月变化过程

7.1.2.2　柽柳耗水过程分析

柽柳是一种耐盐碱、耐干旱的灌木，具有防风固沙和保持水土的作用，多数生长在干旱区绿洲与荒漠过渡带。以塔里木河上游为研究区，选取具有代表性的柽柳灌丛，监测其日耗水量（图7-3）和月平均日耗水量（图7-4）的变化过程。

由图7-3可知，柽柳的日耗水量在年内呈现出先升高后降低的趋势，并在6月出现最大值，其平均日耗水量为1.65 mm。另外，从2003年6月至2005年8月，柽柳的日耗水量处于较低水平，最高值仅为3.19 mm；到2005年8月，日蒸发相对较强而导致日耗水量有所增加，达到6.21 mm。

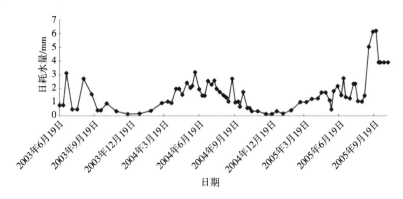

图7-3　柽柳日耗水量变化过程

由图7-4可知，与胡杨相似，受区域蒸发强度影响，柽柳的日耗水量在1—6月逐渐增加，而在随后的2个月转变为下降，但在9月出现最大值（5.73 mm），而随后的9—12月减少，最小值出现在12月（0.16 mm）。另外，柽柳月平均日耗水量最大值在9月，为2.91 mm，最小值出现在12月，仅为最大值的5.5%。

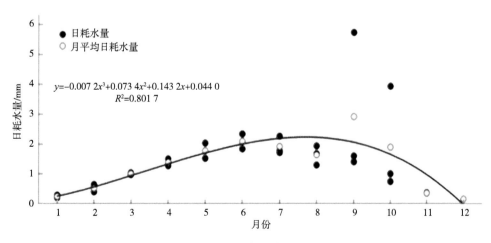

图7-4　柽柳日耗水量的月变化过程

7.1.2.3　芦苇耗水过程分析

芦苇是绿洲外围以及内部非农区沼泽洼地、草滩、荒地的主要植被类型之一。根据芦苇日耗水量监测数据，分析其生态耗水变化过程（图7-5，图7-6），从而为确定区域植被生态需水量提供理论依据。

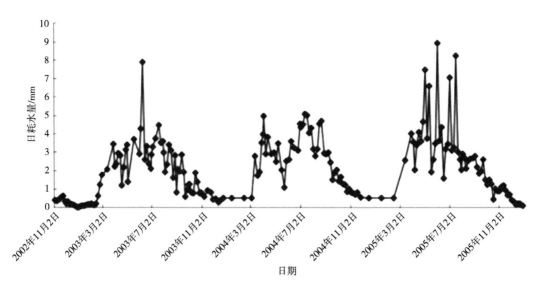

图7-5　芦苇日耗水量变化过程

由图7-5可知，在年际变化上，芦苇日耗水量大体呈单峰型，其平均值为2.30 mm。具体从1月到6月呈现上升趋势，6—7月达到最大值（8.93 mm），之后转变为下降趋势。

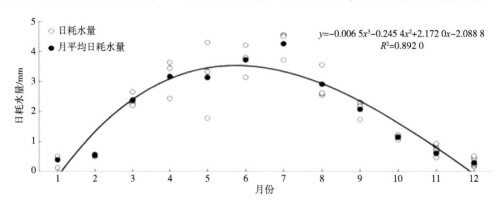

$$y = -0.006\,5x^3 - 0.245\,4x^2 + 2.172\,0x - 2.088\,8$$
$$R^2 = 0.892\,0$$

图7-6　芦苇日耗水量的月变化过程

图7-6反映了芦苇日耗水量的月变化过程。芦苇的日耗水量在1—7月呈波动上升趋势，并在7月出现最大值（4.48 mm）；在7—12月转变为递减，最小值在12月（0.13 mm）。芦苇月平均日耗水量，在12月为0.29 mm（最小值），仅为7月（最大值）的6.8%。

总体来看，3种植物7月的月蒸腾量最大，占年蒸腾量的16.5%；蒸腾量主要集中在4—9月，占年蒸腾量的77.2%，可视为研究区荒漠河岸林的主要需水期。为了维持流域荒漠河岸林群落自我更新和自我繁殖功能，利用生态输水工程调整生态输水的时间，以实现生态输水与荒漠河岸林物种更新二者之间的生态契合。根据相关研究，研究区天然植被完成一个生长周期，所需要的生态输水时间适宜在3—9月，这也是荒漠河岸林生态需水的高峰期。因此，生态水调度应与荒漠河岸林主要需水期、繁育更新期保持较好的协调一致性。

7.1.3　基于天然植被落种时间的敏感期确定

塔里木河下游主要的建群植物有胡杨、柽柳、黑刺、铃铛刺、罗布麻、甘草、芦苇、骆驼刺等，但随着生态输水的开展，猪毛菜、盐生草等一年生草本植物在漫溢区也成片出现。为此对下游主要的建群植物的落种时间进行统计，落种时间的确定主要依据本地区的长期调查资料，并结合《中国植物志》《新疆植物志》等相关资料，统计结果见图7-7。

由图7-7可知，流域植物的落种时间从5月一直持续到12月，并且呈现一个以8月为中轴向两侧递减的趋势，说明塔里木河主要植物落种的时间呈现一个明显的规律性，但是乔木、灌木、多年生草本和一年生草本在生态恢复中所起的作用不同，因此分别进行分析（图7-8）。

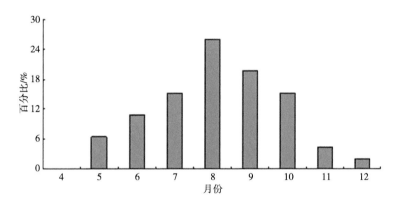

图7-7　塔里木河下游植物落种期频次统计

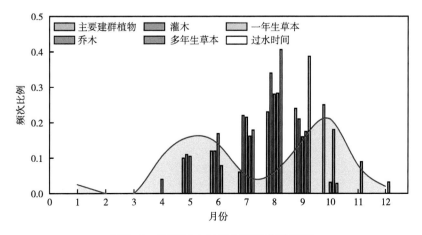

图7-8　下游过水时间与植物落种时间

从时间上看，乔木和灌木落种的时间较接近，分别是5—9月和4—10月；一年生草本落种的时间最集中，为7—10月；而多年生草本落种的时间最长，为6—12月；乔木主要有胡杨和沙枣，其中胡杨为主要建群种，而沙枣为偶见种，胡杨虽然落种的时间较长，但是其种子存活的时间很短，一般落种后15 d 90%以上的胡杨种子将丧失活力，因此从胡杨林群落的恢复看，输水的时间必须在种子的落种期，这点也表现在灌木中的主要建群植物柽柳上，所以从乔灌木植被恢复的时间看，最佳过水时间为7—10月。而一年生草本和多年生草本由于种子寿命长，根据种子库实验，它们基本对输水时间没有特别的要求，但是种子从萌发到开花结果一般需要3个月以上的时间，特别是一年生基本，它们一般不能依靠地下水生长，而是对地表水的依赖较强，因此给水时间不宜晚于9月，否则其无法完成一个生长周期，所以给水时间适宜在3—9月。因此，综合水文状况和乔灌木繁殖的需要，最佳过水时间宜选择7—9月，即将除天然植被基本生态需水外的生态修复水量用于敏感期供水。

7.2 重点河湖生态保护目标及需水

7.2.1 重点湖泊水位（或水面）变化

（1）博斯腾湖

根据新疆塔里木河流域巴音郭楞管理局提供的博斯腾湖水位数据，2012—2021年博斯腾湖水位呈明显的上升趋势（图7-9），在2016年2月水位超过1 046.5 m，并在2016年8月水位超过1 047.0 m，并延续至今，最高水位达到1 048.3 m。相比2012—2016年，2017—2021年湖区平均水位增加了2.07 m。基于博斯腾湖水位及博斯腾湖水位-库容曲线等数据资料，2012—2021年，湖区库容由59.22亿m³增加至74.09亿m³，大湖区库容累计增加14.87亿m³。利用水平衡原理（湖区自然损耗水量=入湖水量-出湖水量-湖区库容变化量）计算出博斯腾湖自然损耗水量，2012—2021年，湖损水量为10亿~14亿m³。

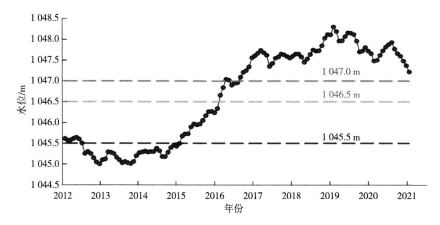

图7-9　2012—2021年博斯腾湖逐月水位变化

（2）台特玛湖

台特玛湖湖面变化可分为4个时段。一是生态输水前干涸期（2000年前）。受塔里木河下游断流和车尔臣河改道影响，1982—1999年台特玛湖连续干涸17年。二是生态输水复苏期（2001—2005年）。2001年，随着塔里木河下游生态输水的实施和车尔臣河改道后重新有水注入，塔里木河下游生态输水水头达到台特玛湖。2003年塔里木河从大西海子水库下泄水量3.4亿m^3，车尔臣河也有一定水量注入，使台特玛湖最大水域面超过100 km^2。三是偶发干涸期（2006—2009年）。2006年生态输水水头未达到台特玛湖，2007—2009年适逢连续枯水年，2009年末台特玛湖基本干涸，湖底裸露，湖区周边形成了新的流动性沙丘。四是发展稳定期（2010年至今）。2010年，大西海子水库下泄水量4.0亿m^3，加上车尔臣河的入湖水量，水域面积达262 km^2。2017年，恰逢大西海了水库下泄水量达到历史最高与车尔臣河汛期的到来，生态输水持续至2018年2月，水面面积达到384 km^2。2019年和2020年，台特玛湖最大水面面积均超过300 km^2，而2021年最大湖面面积约为150 km^2。

7.2.2　博斯腾湖目标水位

7.2.2.1　博斯腾湖的最低生态水位分析

博斯腾湖分为大、小湖两个湖区，大湖区是湖泊的主体，也是起到水库调节作用的主要湖区；小湖区面积较小，主要由16个小的水体与大片的芦苇湿地组成。

鉴于博斯腾湖多年湖泊运行水位状况多在1 045 m以上，从博斯腾湖水位波动运行规律及保护湖泊生态环境的角度，确定1 045 m作为博斯腾湖的死水位和运行时的最低限制水位是合理的；此外，目前博斯腾湖大湖区出流在目前主要依靠扬水站水泵扬水，依据东西两个泵站的运行管理，工程取水水位分别在1 044.75 m和1 044.93 m，若低于1 045.00 m，则泵站将难以运行，湖泊下游城市绿洲"三生"用水将难以保障，生态系统将无法维系。因此，从湖泊水资源调蓄功能看，确定1 045 m作为死水位也是合理的。

博斯腾湖是中国最大的内陆淡水湖，20世纪70年代前，湖水矿化度多在1 g/L以下，但是自20世纪70年代后，博斯腾湖湖水矿化度都在1 g/L以上，多年平均矿化度为1.48 g/L。分析可知，湖泊水位与湖水矿化度有明显的负相关关系，高矿化度总是出现在博斯腾湖低水位时段。其中，博斯腾湖湖水矿化度最高出现在1987—1988年，恰逢流域连续多年枯水，博斯腾湖出现历史最低水位之时。但同时也应该明确，湖水矿化度除了受由出入湖水量变化引起的湖泊水位波动影响外，人类活动（如农田高盐排水入湖等）也是影响湖水矿化度的重要因素。

7.2.2.2　博斯腾湖大湖最低生态水位的确定

应明确的是，最低生态水位是湖泊在此水位不至于发生显著生态环境退化的极限水位，是湖泊在短时间内维持的极限水位，并非湖泊正常状态下生态环境适宜的水位。湖泊生态服务功能包括供给功能、调节功能、文化功能和生命支持功能。供给功能是指生态系统可以提供产品的功能，如提供水源、水产品及其他生物资源；调节功能是调节气候、固定二氧化碳、调节水分、净化水源；文化功能是指生态系统提供非物质效用与收益的功能，包括精神与宗教方面、娱乐与生态旅游方面、美学方面、激励功能、教育功能、故土情、文化继承；生命支持功能是指维持自然生态过程与区域生态环境条件的功能。由此可以看出，在综合条件许可的条件下，湖泊面积越大，储存水量越多，则其生态服务功能也就越丰富。但是在现实水资源供需矛盾日益加剧的背景下，过高的最低生态水位保障目标意味着更大的湖泊面积与更多的蒸发耗散损失，以及更加突出的水资源供需矛盾与流域生态用水保障的不确定性。在人类活动与自然环境关系越来越趋紧密的情况下，生态环境的保护往往需要经济社会的发展作为重要支撑。因此，确定博斯腾湖最低生态水位需要实事求是地考虑现状对湖泊水位的保障管理水平，以及综合考量湖泊水位对整体生态服务功能与生态环境保障作用而确定，即在不显著影响博斯腾湖基本生态服务功能、不显著导致湖泊生态环境恶化的情况下确定能够维系的湖泊最低生态水位。

博斯腾湖最重要的生态服务功能是为整个开都—孔雀河流域水资源及自然生态环境提供调节功能，为流域提供包括水资源、水产品、生物产品、旅游资源、良好人居环境，并为众多生物提供重要生境。基于多种方法分析得出的最低生态水位目标（表7-2），从博斯腾湖大湖作为天然湖泊及水资源调节库的自身运作规律，以及保障其生态服务功能、保护生态环境、维持自然生态与保障流域水安全与生态安全的角度出发，结合对博斯腾湖水位-水质-水量的关系分析，并兼顾考虑2021年实施的《巴音郭楞蒙古自治州博斯腾湖水生态环境保护条例》中对博斯腾湖最低预警水位的相关规定，确定博斯腾湖大湖的最低生态水位为1 045.00 m，对应的最小湖泊生态面积为886.50 km²，最小库容为53.7亿m³。

表7-2 多种方法确定的博斯腾湖大湖最低生态水位

方法	生态保护目标	最低生态水位目标
特征水位法	博斯腾湖对流域水资源的综合调蓄生态服务功能	1 045.00 m
湖泊形态分析法	保障湖泊基本面积不快速下降与基本的湖泊形态功能及相匹配的生态系统不显著退化	1 045.00 m
生态环境需求法	保障博斯腾湖湿地公园面积不变、湖水矿化度维持在1 g/L左右，化学需氧量小于20 mg/L	1 047.67 m
Q_p法	保障湖泊水位达标保证率90%以上	非汛期1 045.02 m 汛期1 045.24 m
《巴音郭楞蒙古自治州博斯腾湖水生态环境保护条例》最低预警水位		1 045.50 m
综合分析确定博斯腾湖最低生态水位		1 045.00 m

7.2.3 不同下泄水量下塔里木河下游水量消耗及台特玛湖面积变化

7.2.3.1 数据来源与研究方法

（1）流量观测数据

主要包括2000—2021年共22次大西海子水库逐月下泄水量数据和库尔干断面逐日的过流数据，由塔里木河流域干流管理局提供。

（2）台特玛湖湖面面积提取

基于谷歌地球引擎（Google Earth Engine）——全球JRC/GSW1_3/Monthly History数据集，提取出了2016—2018年台特玛湖湖区及湖群湖面的逐月面积变化过程。

（3）MIKE 11/SHE水量转换模型所需数据

MIKE 11/SHE水量转换模型的输入数据有流域高程、土地利用数据、水文数据、降水和温度数据和土壤、植被属性数据等。高程选择航天飞机雷达地形测绘使命（Shuttle Radar Topography Mission，SRTM）地形产品数据，分辨率为90 m；通过解译Landsat TM数据，得到流域土地利用数据。铁干里克气象站的降水和温度数据来源于国家气象信息中心。水文数据主要包括大西海子水库下泄水量逐日数据和塔里木河下游英苏、喀尔达依、阿拉干、依干不及麻及库尔干的地下水监测断面的地下水逐日数据。土壤属性数据来源于世界土壤数据库（HWSD）；植被属性数据中的叶面积指数（LAI）由全球陆表特征参量（GLASS）产品得到。

（4）基于MIKE 11/SHE的塔里木河下游生态输水演进与水量转化

结合长时间的水文资料、工程地质与地形资料，分别构建塔里木河下游的MIKE11水动力模型，通过输入水系平面（.nwk）、水系断面（.xns）、边界条件（.bnd）、水动力（.hd）四大模块，模拟不同水文年流域的水量、水位变化情况。对塔里木河下游进行水系与断面的概化，即在MIKE 11中创建河网文件；利用谷歌地球（Google Earth）并搜集相关工程数据确定关键断面的断面形式和参数，创建断面文件。在水动力模块参数文件中设置边界的初始水位、河道糙率等参数。MIKE 11水动力模块采用有限差分格式求解圣维南方程组，得到塔里木河下游的水位、流量与流速等数据。MIKE SHE利用质量、能量和动量守恒的偏微分方程描述流域水循环过程，包括截留蒸发、地表径流、河道汇流、非饱和流和饱和带流5个部分。在水平面上，流域可划分为结构化的矩形网格，各网格独立输入参数，然后通过水动力学方程描述各网格之间的水力联系；在垂直面上，将土壤和地质划分为几个水平层，计算土壤水运动。通过MIKE 11和MIKE SHE的耦合模拟，可以实现不同来水年下塔里木河下游的水量平衡过程的计算，包括研究区水量转化过程（地下水、土壤水与蒸散的比例）与河道两侧植被覆盖区的地下水时空变化情况。最后，使用MIKE SHE中的自动校核工具（Auto Calibration Tool）校准水文模型。考虑到地下水数据的完备性，选择依干不及麻断面的地下水位校核。使用统计性能指标，均方根误差（*RMSE*）和相关系数（*R*）比较分析模拟值与观测值，评估验证阶段MIKE SHE模型的拟合性能。校核后的模型，*RMSE*=0.15，*R*=0.87，模型的精度达到要求。

7.2.3.2　大西海子水库下泄水量过程

塔里木河下游生态输水自2000年开始，至2020年底，共实施生态输水21次，累计生态输水82.21亿m³，年均输水量3.92亿m³，实现了塔里木河综合治理规划制定的3.5亿m³下泄水量目标。根据图7-10，除2008年外，其余年份均有水量下泄，其中2003年、2010—2013年及2015—2019年下泄水量均在3.5亿m³以上，特别是2015—2019年，年均下泄水量达到7.03亿m³。2017年下泄水量最大，达到12.15亿m³，下泄水量天数达到252 d，平均流量也为历年之最，达到80.7 m³/s。

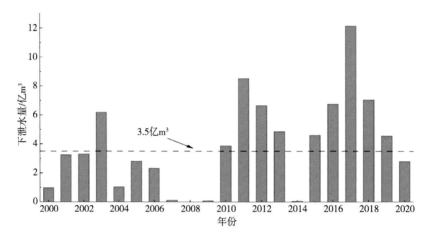

图7-10　大西海子水库年下泄水量变化过程

7.2.3.3　塔里木河下游水量转化过程

基于MIKE SHE，分析了2021年塔里木河下游生态输水过程，如图7-11所示。在生态输水初期，蒸散和渗漏水量占下泄水量的比例分别为57.77%和40.54%，入湖水量占比最少，仅1.69%。而后入湖水量的占比呈逐月增长的趋势，在10月达到21.53%；而蒸散量的占比逐月减少，在10月下降到25.15%。渗漏水量的占比在9月不升反降，在10月上升至53.32%。在输水过程中，河水垂向集中下渗补给地下水后向两侧水平扩散，同时在沿程产生裸地及植被蒸腾消耗。随着地下水位的上升，侧向渗漏和蒸发量都逐渐增大，最终形成一个相互制衡的机制：8月气温高，植被蒸腾作用强，蒸散作用强于渗漏补给作用，超过50%的生态水用于蒸腾耗散。9月的平均气温低于8月，蒸腾作用减弱，渗漏水量的占比不升反降，这是因为河道疏通后入湖水量的占比增大。10月下垫面蒸散和植被蒸腾作用大幅减弱，并且前期渗漏给土壤包气带的水被大量蒸散发，此时土壤包气带处于"水亏空"状态，因此渗漏水量的占比显著提升。最终，44.56%的水用于渗漏补给，40.81%的水用于蒸散。

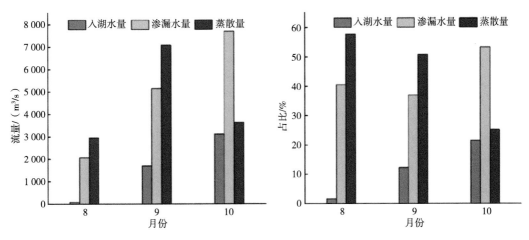

图7-11 生态输水水量转化过程分析

7.2.3.4 台特玛湖湖面面积与生态输水的定量关系

生态输水实施前，1988—1999年台特玛湖湖面平均面积仅为12.21 km²。自2000年开始，随着流域综合治理的实施，大西海子水库开始向下游进行生态输水，台特玛湖湖面面积随着输水工作的开展呈现规律性波动。2000—2006年台特玛湖平均湖面面积为51.14 km²，湖面面积总体呈现增加的趋势，较输水前增长了318.84%。2007—2009年湖面面积受塔里木河干流水量偏枯的影响，总体呈现下降趋势，年均面积下降至98.91 km²。自2010年起，随着流域综合治理的实施，大西海子水库下泄水量基本维持在3.5亿m³，湖面面积平均为277.97 km²（图7-12）。

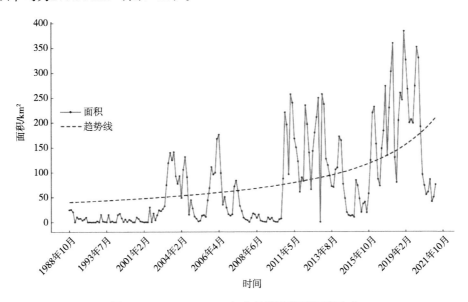

图7-12 1988—2021年台特玛湖湖面面积变化

以2021年为例定量探究了生态输水对台特玛湖湖面面积的影响。如图7-13所示，随着生态输水的进行，湖面面积也持续增长。截至2021年10月21日，累计下泄水量达到3.35亿m³，湖面面积增长至120 km²。根据图7-13可得，当累计下泄水量达到0.75亿m³，湖面面积达到40 km²；当累计下泄水量达到1.91亿m³，湖面面积达到45 km²；当累计下泄水量达到2.93亿m³，湖面面积达到90 km²；当累计下泄水量达到3.30亿m³，湖面面积达到120 km²；当累计下泄水量达到3.5亿m³，湖面面积可增长至175 km²。

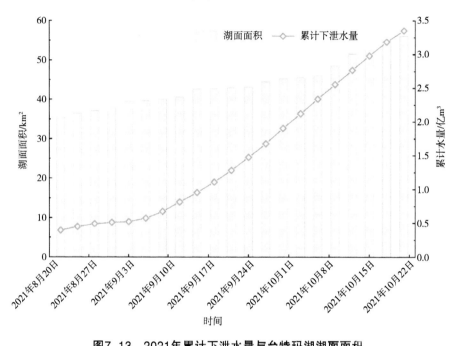

图7 13　2021年累计下泄水量与台特玛湖湖面面积

第8章

塔里木河流域生态水量及敏感期需水过程

8.1 流域不同断面生态水量

8.1.1 数据来源和研究方法

（1）数据来源

本章所用数据主要包括塔里木河流域天然植被生态需水量、生态保护及修复水量、河道生态基流、渗漏水量等，均来自前文计算结果。

（2）研究方法

不同天然植被保护等级下各断面生态水量采用如下公式确定：

$$Q_总=Q_内+Q_外-Q_重 \tag{8-1}$$

式中，$Q_总$为该河段总的生态需水量；$Q_内$为河道内最小生态需水量；$Q_外$为河道外天然植被生态需水量；$Q_重$为河道内与河道外生态需水量计算结果的重复量。

8.1.2 塔里木河干流生态水量

8.1.2.1 保障天然植被基本生态需水下的河流生态水量

河流生态水量包括天然植被生态需水量、河道生态基流及其他敏感对象生态需水量等，其中，生态基流与其他生态需水项存在着重复水量（渗漏水量），因此在计算流域不同断面生态水量的过程中，应减去该部分重复水量。根据前文塔里木河干流天然植被基本生态需水量、河道渗漏水量规律及河道生态基流等计算结果，结合塔里木河下游台特玛湖保护实际需求，将塔里木河干流生态水量分为4种情景：情景1，仅维持塔里木河下游与台特玛湖的水力联系；情景2，实现恰拉断面下泄水量5.05亿m³，大西海子水库下泄水量3.5亿m³（根据《塔里木河流域"四源一干"水量分配方案》）；情景3，台特玛湖入湖水量0.25亿m³，湖面最大面积超过60 km²；情景4，台特玛湖入湖水量0.55亿m³，湖面最大面积超过110 km²。

（1）情景1，仅维持塔里木河下游与台特玛湖的水力联系

该情景下应首先核算塔里木河下游生态需水量，包括4部分。一是塔里木河下游天然植被基本生态需水量，为1.71亿m³。二是地下水抬升水量。以满足大西海子水库至台特玛湖之间平均地下水埋深抬升至4.0 m的要求，计算出地下水抬升留存水量为5 100万～7 900万m³（以2021年为依据计算出地下水留存水量为5 100万m³，若下游地下水监测断面平均埋深全部提升至4 m则需7 900万m³，影响范围在河道两侧1 km范围内），取两者均值，即6 500万m³。三是河道水面蒸发量。参考邓铭江等（2016）的研究成果，以2021年计算结果为依据，大西海子水库至台特玛湖河段河道水面蒸发量约为800万m³。四是河道内基流。中国科学院新疆生态与地理研究所完成的《塔里木河干流生态环境需水量研究》中构建了下游英苏、阿拉干及依干不及麻断面的湿周-流量关系曲线，采用曲率法确定依干不及麻断面河道最小流量为1.463 m³/s。以依干不及麻断面表征库尔干断面，保障年内过水时长不小于30 d，所需水量为380万m³。综合以上，若仅维持塔里木河下游与台特玛湖的水力联系，大西海子水库下泄水量为2.48亿m³。

进一步，以大西海子水库下泄水量2.48亿m³推算塔里木河干流各断面生态水量，恰拉—大西海子河段天然植被生态需水量为0.71亿m³，与河段渗漏水量一致，推算恰拉应下泄水量为3.19亿m³，小于恰拉断面生态基流量，因此恰拉断面生态水量为3.21亿m³。根据生态水量断面推算公式，即上断面生态基流、下断面下泄水量与河段天然植被生态需水量之和减去河段渗漏水量（重复水量），得到上断面生态水量，结合阿拉尔—英巴扎、英巴扎—恰拉河段的天然植被生态需水量及渗漏水量，推算出阿拉尔及英巴扎断面生态水量分别为32.55亿m³和20.57亿m³。

（2）情景2，实现恰拉断面下泄水量5.05亿m³，大西海子水库下泄水量3.5亿m³

当恰拉断面下泄水量5.05亿m³时，根据2021年大西海子水库（下泄水量为3.5亿m³）以下下泄水量过程，台特玛湖入湖水量为0.73亿m³，台特玛湖最大面积超过150 km²。参考情景1推算过程，结合阿拉尔—英巴扎、英巴扎—恰拉河段的天然植被生态需水量及渗漏水量，推算出阿拉尔及英巴扎断面生态水量分别为34.39亿m³和22.41亿m³。

（3）情景3，台特玛湖入湖水量0.25亿m³，湖面最大面积超过60 km²

根据2021年大西海子水库（下泄水量为3.5亿m³）下泄水量、库尔干入湖水量及台特玛湖湖面面积过程线，在维持台特玛湖30 km²的水面条件下，当入湖水量达到0.25亿m³，台特玛湖最大面积超过60 km²。参考情景1推算过程，结合阿拉尔—英巴扎、英巴扎—恰拉河段的天然植被生态需水量及渗漏水量，推算出阿拉尔、英巴扎和恰拉断面生态水量分别为32.8亿m³、20.82亿m³和3.46亿m³。

（4）情景4，台特玛湖入湖水量0.55亿m³，湖面最大面积超过110 km²

根据2021年大西海子水库（下泄水量为3.5亿m³）下泄水量、库尔干入湖水量及台特玛湖湖面面积过程线，在维持台特玛湖30 km²的水面条件下，当入湖水量达到0.55亿m³，

台特玛湖最大面积超过110 km^2。参考情景1推算过程，结合阿拉尔—英巴扎、英巴扎—恰拉河段的天然植被生态需水量及渗漏水量，推算出阿拉尔、英巴扎和恰拉断面生态水量分别为33.1亿m^3、21.12亿m^{3}和3.76亿m^3（表8-1）。

表8-1 塔里木河干流保障天然植被基本生态需水下的不同断面生态水量 单位：亿m^3

断面	生态基流	天然植被基本生态需水量与渗漏水量			断面生态水量							
		河段	天然植被基本生态需水量	渗漏水量	情景1		情景2		情景3		情景4	
					断面	水量	断面	水量	断面	水量	断面	水量
阿拉尔	21.59	阿拉尔—英巴扎	9.58	5.12	阿拉尔	32.55	阿拉尔	34.39	阿拉尔	32.8	阿拉尔	33.10
英巴扎	14.07	英巴扎—恰拉	9.15	5.86	英巴扎	20.57	英巴扎	22.41	英巴扎	20.82	英巴扎	21.12
恰拉	3.21	恰拉—台特玛湖	2.42	2.52	恰拉	3.21	恰拉	5.05	恰拉	3.46	恰拉	3.76
恰拉（综合规划）	5.05	恰拉—大西海子	0.71		大西海子	2.48	大西海子	3.50	大西海子	2.73	大西海子	3.03
大西海子（综合规划）	3.50	大西海子—台特玛湖	1.71		台特玛湖	0.04	台特玛湖	0.73	台特玛湖	0.25	台特玛湖	0.55

8.1.2.2 保障天然植被生态保护及修复需水下的河流生态水量

基于前文分析结果，结合塔里木河下游台特玛湖保护实际需求，将塔里木河干流保障天然植被生态保护及修复需水分为4种情景：情景1，仅维持塔里木河下游与台特玛湖水力联系，根据前文核算结果，若仅维持塔里木河下游与台特玛湖的水力联系，大西海子水库下泄水量为2.81亿m^3，推算出阿拉尔、英巴扎和恰拉断面生态水量分别为36.55亿m^3、22.48亿m^{3}和3.37亿m^3；情景2，实现恰拉断面下泄水量5.05亿m^3，大西海子水库下泄水量3.5亿m^3，推算出阿拉尔、英巴扎断面生态水量分别为38.39亿m^3、24.32亿m^3；情景3，台特玛湖入湖0.25亿m^3，湖面最大面积超过60 km^2，推算出阿拉尔、英巴扎和恰拉断面生态水量分别为37.13亿m^3、23.06亿m^{3}和3.79亿m^3；情景4，台特玛湖入湖水量0.55亿m^3，湖面最大面积超过110 km^2，推算出阿拉尔、英巴扎和恰拉断面生态水量分别为37.43亿m^3、23.46亿m^{3}和4.09亿m^3（表8-2）。

表8-2 塔里木河干流保障天然植被生态保护及修复需水下的不同断面生态水量 单位：亿m^3

断面	生态基流	天然植被生态保护及修复与渗漏水量			断面生态水量							
		河段	生态保护及修复水量	渗漏水量	情景1		情景2		情景3		情景4	
					断面	水量	断面	水量	断面	水量	断面	水量
阿拉尔	21.59	阿拉尔—英巴扎	11.72	5.17	阿拉尔	36.55	阿拉尔	38.39	阿拉尔	37.13	阿拉尔	37.43

（续表）

断面	生态基流	天然植被生态保护及修复与渗漏水量			断面生态水量							
		河段	生态保护及修复水量	渗漏水量	情景1		情景2		情景3		情景4	
					断面	水量	断面	水量	断面	水量	断面	水量
英巴扎	14.07	英巴扎—恰拉	11.15	5.95	英巴扎	22.48	英巴扎	24.32	英巴扎	23.06	英巴扎	23.36
恰拉	3.21	恰拉—台特玛湖	2.89	2.73	恰拉	3.37	恰拉	5.05	恰拉	3.79	恰拉	4.09
恰拉（综合规划）	5.05	恰拉—大西海子	0.85		大西海子	2.81	大西海子	3.50	大西海子	3.06	大西海子	3.36
大西海子（综合规划）	3.50	大西海子—台特玛湖	2.04		台特玛湖	0.04	台特玛湖	0.73	台特玛湖	0.25	台特玛湖	0.55

8.1.3 开都—孔雀河生态水量

开都河有大山口水文站和宝浪苏木监测站，博斯腾湖需维持一定的目标水位，因此博斯腾湖生态需水即为维持该目标下的最小入湖水量。近年来，孔雀河阿恰枢纽以下（特别是阿克苏甫以下）依靠生态输水实现孔雀河下游胡杨林的保护及修复，因此孔雀河阿克苏甫以下断面以天然植被生态需水为河流生态水量。基于以上计算原则，根据开都—孔雀河天然植被生态需水和生态基流等计算结果，推算出不同河段的渗漏水量、博斯腾湖耗水量等，并计算出开都—孔雀河各河段生态需水总量和各断面生态水量（表8-3，表8-4）。

根据表8-3，在保障流域天然植被基本生态需水量的条件下，塔什店断面生态水量为3.51亿m³（塔什店以下天然植被生态需水与塔什店生态基流之和，减去塔什店以下渗漏水量），宝浪苏木断面生态水量应满足博斯腾湖最小入湖水量与塔什店下泄生态水量需求，因此，其生态水量应为目标要求之和，为15.83亿m³，这一结果大于其生态基流水量。大山口断面生态水量应满足开都河天然植被生态需水、敏感对象生态需水与宝浪苏木下泄生态水量，推算出其为21.89亿m³。

根据表8-4，在保障流域天然植被生态保护及修复需水量的条件下，参照前文推算过程，大山口、宝浪苏木和塔什店断面生态水量分别为22.47亿m³、15.76亿m³和3.94亿m³。

表8-3 开都—孔雀河保障天然植被基本生态需水下的不同断面生态水量

断面	生态基流				天然植被基本生态需水及渗漏水量			生态水量	
	非汛期/（m³/s）	汛期/（m³/s）	其他生态水量/亿m³	生态基流水量/亿m³	河段	植被生态需水量/亿m³	渗漏水量/亿m³	断面	水量/亿m³
大山口	22.57	33.86	1.78（鱼类洄游）	8.78	大山口—宝浪苏木	1.11	3.33	大山口	21.89
宝浪苏木	19.50	30.13		7.72	塔什店—阿克苏甫	0.87	0.35	宝浪苏木	15.33

（续表）

断面	生态基流				天然植被基本生态需水及渗漏水量			生态水量	
	非汛期/（m³/s）	汛期/（m³/s）	其他生态水量/亿m³	生态基流水量/亿m³	河段	植被生态需水量/亿m³	渗漏水量/亿m³	断面	水量/亿m³
博斯腾湖			11.82（最小入湖）	11.82	阿克苏甫以下	0.86		塔什店	3.51
塔什店	9.15	4.58		2.14					

表8-4 开都—孔雀河保障天然植被生态保护及修复需水下的不同断面生态水量

断面	生态基流				生态保护及修复与渗漏水量			生态水量	
	非汛期/（m³/s）	汛期/（m³/s）	其他生态水量/亿m³	生态基流水量/亿m³	河段	生态保护及修复需水量/亿m³	渗漏水量/亿m³	断面	水量/亿m³
大山口	22.57	33.86	1.78（鱼类洄游）	8.78	大山口—宝浪苏木	1.35	3.42	大山口	22.47
宝浪苏木	19.50	30.13		7.72	塔什店—阿克苏甫	1.03	0.35	宝浪苏木	15.76
博斯腾湖			11.82	11.82	阿克苏甫以下	1.13		塔什店	3.94
塔什店	9.15	4.58		2.14					

8.1.4 和田河生态水量

根据前文计算结果，参照已有成果，推算出和田河流域满足天然植被基本生态需水和生态保护及修复水量下的断面生态水量（表8-5，表8-6）。根据表8-5，和田河玉龙喀什河渠首（下泄）和乌鲁瓦提（出库）断面生态基流不能满足敏感对象下泄水量（4月和5月）要求，因此其生态基流水量应为补足敏感对象下泄水量要求的水量，断面生态基流分别为4.33亿m³和5.00亿m³。肖塔断面生态水量为6—9月的下泄水量要求（2.02亿m³），倒推出阔什拉什断面生态水量为5.94亿m³（阔什拉什仅作为计算断面，不作生态水量断面具体要求下泄水量）。参照典型年，分离玉龙喀什河与喀拉喀什河对和田河干流阔什拉什下泄水量要求，分别为5.00亿m³和0.94亿m³；根据天然植被基本生态需水空间分布分离玉龙喀什河与喀拉喀什河天然植被生态需水。根据中国科学院新疆生态与地理研究所完成的《塔里木河流域"四源一干"河损占比研究》的成果，推算玉龙喀什河与喀拉喀什河的渗漏水量，并最终得出乌鲁瓦提和玉龙喀什河渠首下泄生态水量分别为5.94亿m³和9.33亿m³。根据表8-6，参照前文推算过程，在满足天然植被保护及修复需水要求下，乌鲁瓦提（下泄）、玉龙喀什河（下泄）和肖塔断面生态水量分别为6.36亿m³、9.61亿m³和2.02亿m³。

表8-5 和田河保障天然植被基本生态需水下的不同断面生态水量

断面	生态基流							天然植被生态需水与渗漏水量			生态水量	
	冰封期/(m³/s)	非汛期/(m³/s)	汛期/(m³/s)	生态基流水量/亿m³	保护对象	敏感期	水量/亿m³	河段	植被需水量/亿m³	渗漏水量/亿m³	断面	水量/亿m³
乌鲁瓦提（出库）	7.2	12.00	21.6	5.00	鱼类产卵索饵育幼	4—5月	1.14	乌鲁瓦提+玉龙喀什河—阔什拉什	4.37	3.34	乌鲁瓦提断面	5.94
玉龙喀什河渠首（下泄）	8.0	8.69	19.8	4.33	鱼类产卵索饵育幼	4—5月	0.98	阔什拉什—肖塔	3.23	1.70	玉龙喀什河渠首	9.33
肖塔					水力联系	6—9月	2.02				阔什拉什（计算）	5.94
											肖塔	2.02

表8-6 和田河保障天然植被生态保护及修复需水下的不同断面生态水量

断面	生态基流							天然植被生态需水与渗漏水量			生态水量	
	冰封期/(m³/s)	非汛期/(m³/s)	汛期/(m³/s)	生态基流水量/亿m³	保护对象	敏感期	水量/亿m³	河段	植被需水量/亿m³	渗漏水量/亿m³	断面	水量/亿m³
乌鲁瓦提（出库）	7.2	12.00	21.6	5.00	鱼类产卵索饵育幼	4—5月	1.14	乌鲁瓦提+玉龙喀什河—阔什拉什	5.07	3.34	乌鲁瓦提断面	6.36
玉龙喀什河渠首（下泄）	8.0	8.69	19.8	4.33	鱼类产卵索饵育幼	4—5月	0.98	阔什拉什—肖塔	3.69	0.00	玉龙喀什河渠首	9.61
肖塔					水力联系	6—9月	2.02				阔什拉什（计算）	6.40
											肖塔	2.02

8.1.5 叶尔羌河生态水量

根据前文叶尔羌河天然植被生态需水、河道渗漏水量规律及河道生态基流计算结果，将生态基流与生态保护及修复水量叠加，进而根据渗漏水量计算关系模型，推算出不同河段的渗漏水量，并计算出叶尔羌河各断面生态水量（表8-7，表8-8）。根据表8-7，在保障天然植被基本生态需水的条件下，喀群、艾力克他木和江卡断面生态水量分别为17.24亿m³、6.1亿m³和1.74亿m³，而在保障天然植被生态保护及修复需水的条件下，喀群、艾力克他木和江卡断面生态水量分别为18.16亿m³、7.02亿m³和1.74亿m³（表8-8）。

表8-7　叶尔羌河保障天然植被基本生态需水下的不同断面生态水量

断面	生态基流			天然植被生态需水及渗漏水量			生态水量	
	平水期/（m³/s）	汛期/（m³/s）	生态基流水量/亿m³	河段	植被需水量/亿m³	渗漏水量/亿m³	断面	水量/亿m³
喀群	21.49	64.48	11.14	喀群+江卡—艾力克他木	7.03	9.32	喀群	17.24
艾力克他木		12.34	1.28	艾力克他木—黑尼亚孜	5.95		艾力克他木	6.10
江卡	2.83	9.5	1.74	江卡—黑孜阿瓦提	1.1	1.48	江卡	1.74

表8-8　叶尔羌河保障天然植被生态保护及修复需水下的不同断面生态水量

断面	生态基流			生态保护及修复需水及渗漏水量			生态水量	
	平水期/（m³/s）	汛期/（m³/s）	生态基流水量/亿m³	河段	植被需水量/亿m³	渗漏水量/亿m³	断面	水量/亿m³
喀群	21.49	64.48	11.14	喀群+江卡—艾力克他木	8.11	10.74	喀群	18.16
艾力克他木		12.34	1.28	艾力克他木—黑尼亚孜	6.84		艾力克他木	7.02
江卡	2.83	9.5	1.74	江卡—黑孜阿瓦提	1.27	1.48	江卡	1.74

8.1.6　阿克苏河生态水量

根据前文阿克苏河天然植被生态需水、河道渗漏水量规律及河道生态基流计算结果，将生态基流与生态保护及修复水量叠加，进而根据渗漏水量计算关系模型，推算出不同河段的渗漏水量，并计算出阿克苏河各断面生态水量（表8-9，表8-10）。根据表8-9，在保障天然植被基本生态需水的条件下，沙里桂兰克、协合拉、西大桥和依玛帕夏断面生态水量分别为5.45亿m³、10.13亿m³、15.27亿m³和12.57亿m³，而在保障天然植被生态保护及修复水量的条件下，沙里桂兰克、协合拉、西大桥和依玛帕夏断面生态水量分别为5.55亿m³、10.32亿m³、15.50亿m³和12.57亿m³（表8-10）。

表8-9　阿克苏河保障天然植被基本生态需水下的不同断面生态水量

断面	生态基流			天然植被基本生态需水及渗漏水量			生态水量	
	非汛期/(m³/s)	汛期/(m³/s)	生态基流水量/亿m³	河段	植被需水量/亿m³	渗漏水量/亿m³	断面	水量/亿m³
沙里桂兰克	8.95	24.02	5.13	沙里桂兰克—西大桥	0.13		沙里桂兰克	5.45
协合拉	15.32	45.95	9.53	协合拉—西大桥	0.19		协合拉	10.13
西大桥	23.90	71.69	14.87	西大桥—依玛帕夏	1.82	0.55	西大桥	15.27
依玛帕夏	26.05	54.75	12.57	艾西曼湖	0.40		依玛帕夏	12.57

表8-10　阿克苏河保障天然植被生态保护及修复需水下的不同断面生态水量

断面	生态基流			天然植被基本生态需水及渗漏水量			生态水量	
	非汛期/(m³/s)	汛期/(m³/s)	生态基流水量/亿m³	河段	植被需水量/亿m³	渗漏水量/亿m³	断面	水量/亿m³
沙里桂兰克	8.95	24.02	5.13	沙里桂兰克—西大桥	0.15		沙里桂兰克	5.55
协合拉	15.32	45.95	9.53	协合拉—西大桥	0.22		协合拉	10.32
西大桥	23.90	71.69	14.87	西大桥—依玛帕夏	2.05	0.55	西大桥	15.50
依玛帕夏	26.05	54.75	12.57	艾西曼湖	0.40		依玛帕夏	12.57

8.1.7　车尔臣河生态水量

根据《新疆大石门水利枢纽工程初步设计报告》《新疆大石门水利枢纽工程环境影响报告书》，大石门坝址断面生态基流计算采用Tennant法，采用1958—2013年共56年大石门坝址断面径流系列数据，下泄要求为：每年4—9月下泄水量应不低于断面多年平均流量的30%，为8.28 m³/s；10月至翌年3月下泄水量应不低于断面多年平均流量的10%，为2.76 m³/s，合计年生态基流水量为1.72亿m³（表8-11）。

参考《新疆地下水资源（2005）》《新疆塔里木河流域水文地质及地下水开发利用调查报告》，综合车尔臣河且末水文站气象、车尔臣河河道形态等数据资料，分别计算出河道水面蒸发、河岸浸润损失和河床潜在蒸发3项无效损耗水量。计算结果显示，第二分水枢纽以下无效损耗合计为0.16亿m³，而大石门水利枢纽至第二分水枢纽河段无效损耗为1.30亿m³（表8-12）。

根据中国科学院新疆生态与地理研究所完成的《塔里木河干流（含台特玛湖）生态流量（水量）目标制定与保障方案》，台特玛湖需要维持的水面面积底线为30 km²，年内最大面积应达到110 km²，若完全由车尔臣河补充台特玛湖入湖水量，水量需求为0.55亿m³。根据车尔臣河天然植被生态需水量计算结果，参考以上生态基流和无效损耗计算结果，推算出在保障天然植被基本生态需水的条件下，大石门水利枢纽和第二分水枢纽断面的生态水量分别为3.16亿m³和1.86亿m³，而在满足天然植被生态保护及修复的条件下，大石门水利枢纽和第二分水枢纽断面的生态水量分别为3.35亿m³和2.05亿m³。

表8-11　车尔臣河保障天然植被基本生态需水下的不同断面生态水量

生态基流				天然植被生态需水量		无效损耗		生态水量	
断面	汛期(4—9月)/(m³/s)	非汛期(10—3月)/(m³/s)	生态基流水量/亿m³	河段	水量/亿m³	河段	水量/亿m³	断面	水量/亿m³
大石门水利枢纽	8.28	2.76	1.72	大石门—塔提让大桥	1.86	大石门水利枢纽—第二分水枢纽	1.3	大石门水利枢纽	3.16
大石门水利枢纽	8.28	2.76	1.72	塔提让大桥—台特玛湖	1.15	第二分水枢纽—台特玛湖	0.16	第二分水枢纽	1.86
				台特玛湖	0.55				

表8-12　车尔臣河保障天然植被生态保护及修复需水下的不同断面生态水量

生态基流				生态保护及修复需水量		损失水量		生态水量	
断面	汛期(4—9月)/(m³/s)	非汛期(10—3月)/(m³/s)	生态基流水量/亿m³	河段	水量/亿m³	河段	水量/亿m³	断面	水量/亿m³
大石门水利枢纽	8.28	2.76	1.72	大石门—塔提让大桥	2.24	大石门水利枢纽—第二分水枢纽	1.30	大石门水利枢纽	3.35
				塔提让大桥—台特玛湖	1.34	第二分水枢纽—台特玛湖	0.16	第二分水枢纽	2.05
				台特玛湖	0.55				

8.1.8　克里雅河生态水量

根据新疆水利水电勘测设计研究院完成的《新疆于田县克里雅河生态流量（水量）目标制定与保障方案》，选取Tennant法作为生态基流的计算方法，基音坝址断面生态基流要求：每年4—9月应不低于断面多年平均流量的30%，为6.03 m³/s；10月至翌年3月生态基流应不低于断面多年平均流量的10%，为2.01 m³/s，合计年生态基流水量为1.25亿m³（表8-13）。巴什康苏拉克水电站坝址断面生态基流要求：每年4—9月应不低于断面多年平均流量的30%，为7.29 m³/s；10月至翌年3月应不低于断面多年平均流量的10%，为2.43 m³/s；合计年生态基流水量为1.51亿m³（表8-14）。

根据《新疆于田县克里雅河生态流量（水量）目标制定与保障方案》研究成果，公安渠首以下由泉水和地下水侧向流入，补给量合计为1.36亿m³，而河谷水面蒸发及两岸沿途消耗等无效损耗水量为0.99亿m³。根据天然植被生态需水量计算结果，参考以上生态基流和无效损耗计算结果，推算出在保障天然植被基本生态需水的条件下，基音水利枢纽和公安渠首的生态水量分别为2.05亿m³和0.73亿m³，而在满足天然植被生态保护及修复需水的条件下，基音水利枢纽和公安渠首的生态水量分别为2.42亿m³和0.9亿m³。

表8-13　克里雅河保障天然植被基本生态需水下的不同断面生态水量

生态基流				天然植被基本生态需水				生态水量	
断面	汛期（4—9月）/（m³/s）	非汛期（10月至翌年3月）/（m³/s）	生态基流水量/亿m³	河段	水量/亿m³	沿途无效损耗/亿m³	泉水和地下水补给/亿m³	断面	水量/亿m³
基音水利枢纽	6.03	2.01	1.25	基音水利枢纽—克里雅湿地	1.29	0.04		基音水利枢纽	2.05
巴什康苏拉克水电站	7.29	2.43	1.51	克里雅湿地	1.09	0.99	1.36	公安渠首	0.73

表8-14　克里雅河保障天然植被生态保护及修复需水下的不同断面生态水量

生态基流量				生态保护及修复需水				生态水量	
断面	汛期（4—9月）/（m³/s）	非汛期（10月至翌年3月）/（m³/s）	生态基流水量/亿m³	河段	水量/亿m³	沿途无效损耗/亿m³	泉水和地下水补给/亿m³	断面	水量/亿m³
基音水利枢纽	6.03	2.01	1.25	基音水利枢纽—克里雅湿地	1.48	0.04		基音水利枢纽	2.42
巴什康苏拉克水电站	7.29	2.43	1.51	克里雅湿地	1.27	0.99	1.36	公安渠首	0.9

8.1.9　迪那河生态水量

基于1957—2016年迪那河迪那水文站逐月径流数据，采取Tennant法计算生态基流，根据迪那河水文特性和生态环境状况需求，将迪那河划分为汛期和非汛期。其中，汛期为6—9月，其生态基流应不低于断面多年平均流量的30%，为5.2 m³/s；而非汛期为10月至翌年5月，其生态基流应不低于断面多年平均流量的10%，为0.54 m³/s，生态基流水量为0.65亿m³（表8-15）。参考开都河河道内水量平衡过程，其无效损耗（以河道内蒸发为主）占比约为断面径流量的5%。根据天然植被生态需水量计算结果，参考以上生态基流和无效损耗计算结果，推算出在保障天然植被基本生态需水的条件下，迪那河的生态水量为1.78亿m³，而在满足天然植被生态保护及修复需水的条件下，迪那河的生态水量为2.18亿m³。

表8-15 迪那河生态水量

断面	生态基流			保障天然植被基本生态需水下的生态水量			保障生态保护及修复需水下的生态水量		
	汛期（6—9月）/(m³/s)	非汛期（10月至翌年5月）/(m³/s)	生态基流水量/亿m³	需水量/亿m³	无效损耗/亿m³	生态水量/亿m³	天然植被/亿m³	无效损耗/亿m³	生态水量/亿m³
迪那河引水枢纽	5.20	0.54	0.65	1.68	0.10	1.78	2.06	0.12	2.18

8.1.10 喀什噶尔河生态水量

根据新疆水利水电勘测设计研究院有限责任公司完成的《喀什噶尔河流域综合规划专题——流域生态需水专题研究》，采用Tennant法计算生态基流，要求为：年内较丰时段（5—10月）生态基流应不低于断面多年平均流量的30%；年内较枯时段（11月至翌年4月）生态基流应不低于断面多年平均流量的10%，计算出布谷孜河、盖孜河、克孜河、库山河、恰克马克河、依格孜牙河的生态基流水量分别为0.22亿m³、1.17亿m³、8.23亿m³、1.44亿m³、0.25亿m³、0.23亿m³（表8-16）。

利用哨兵1号（Sentinel-1）卫星的微波数据（重访周期为6 d，分辨率为5～20 m），在谷歌地球引擎遥感大数据平台支持下，基于后向散射系数影像数据计算双极化水体指数（SDWI），从而获取2010—2020年喀什噶尔河各流域的河道水面面积数据，2010—2020年喀什噶尔河流域年均河道水面面积为96.79 km²。进一步，以喀什噶尔河流域多年平均潜在蒸发量（2 300 mm）及水面蒸发折算系数（0.63），计算出2010—2020年布谷孜河、盖孜河、克孜河、库山河、恰克马克河、吐曼河、依格孜牙河河道水面无效耗散水量分别为0.16亿m³、0.42亿m³、0.56亿m³、0.12亿m³、0.1亿m³、0.02亿m³、0.11亿m³。结合喀什噶尔河天然植被生态需水量计算结果，计算出在保障天然植被基本生态需水条件下，布谷孜河、盖孜河、克孜河、库山河、恰克马克河、吐曼河、依格孜牙河生态水量分别为0.80亿m³、1.73亿m³、4.45亿m³、1.44亿m³、0.25亿m³、0.21亿m³、0.51亿m³，而在实现流域天然植被保护及修复目标下，布谷孜河、盖孜河、克孜河、库山河、恰克马克河、吐曼河、依格孜牙河的生态水量分别为0.88亿m³、1.90亿m³、4.46亿m³、1.44亿m³、0.25亿m³、0.23亿m³、0.57亿m³（表8-17）。

表8-16　喀什噶尔河保障天然植被基本生态需水下的不同断面生态水量　　单位：亿m³

河流	生态基流		河道水面无效耗散水量	天然植被基本生态需水量	生态水量
	断面	水量			
布谷孜河	阿湖水库	0.22	0.16	0.64	0.80
盖孜河	布仑口—公格尔水电站	1.17	0.42	1.31	1.73
克孜河	塔日勒尕水电站	3.78			
	卡拉贝利水利枢纽	4.45	0.56	3.33	4.45
库山河	库尔干水利枢纽	1.44	0.12	0.52	1.44
恰克马克河	托帕水库	0.25	0.10	0.12	0.25
吐曼河			0.02	0.19	0.21
依格孜牙河	克孜勒塔克水文站	0.23	0.11	0.40	0.51
合计			1.49	6.50	9.39

表8-17　喀什噶尔河保障天然植被生态保护及修复需水的不同断面生态水量　　单位：亿m³

河流	生态基流量		河道水面无效耗散水量	生态保护及修复需水	生态水量
	断面	水量			
布谷孜河	阿湖水库	0.22	0.16	0.71	0.88
盖孜河	布仑口—公格尔水电站	1.17	0.42	1.48	1.90
克孜河	塔日勒尕水电站	3.78			
	卡拉贝利水利枢纽	4.45	0.56	3.90	4.46
库山河	库尔干水利枢纽	1.44	0.12	0.57	1.44
恰克马克河	托帕水库	0.25	0.10	0.14	0.25
吐曼河			0.02	0.21	0.23
依格孜牙河	克孜勒塔克水文站	0.23	0.11	0.46	0.57
合计			1.49	7.48	9.72

8.1.11　渭干—库车河生态水量

由于缺少库车河流域断面水文资料，库车河兰干水文断面生态基流计算采用Tennant法，要求为：年内较丰时段（5—10月）生态基流应不低于断面多年平均流量的30%；年内较枯时段（11月至翌年4月）生态基流应不低于断面多年平均流量的10%。兰干水文断面多年平均径流量为3.94亿m³,因此其生态基流汛期(5—10月)为3.75 m³/s,非汛期为1.25 m³/s。收集1957—2019年渭干—库车河克孜尔水库坝址处天然径流数据,分别采用最小月径流法、Tennant法、Q_p法(90%)进行生态基流的计算,其年生态基流水量分别为16.24亿m³、4.93亿m³、19.33亿m³,克孜尔水库坝址年均径流量为27.24亿m³,最小月径流法和Q_p法(90%)计算出的生态基流水量远超出生态基流正常范围,分别达到了年均流量的59.6%和71.0%,因此最终采用Tennant法的计算结果。

流域生态水量主要包含生态基流、天然植被生态需水(及其他生态保护区生态需水)及保障生态水量的无效损耗,而在生态水量的计算过程中应避免重复计算。特别地,生态基流在满足河道内生态水文过程后,除水面蒸发等无效损耗外,剩余水量主要以渗漏形式补给地下水,直接或间接参与天然植被等的生态供水。因此,在计算流域生态水量时,应考虑生态基流大于天然植被生态需水与无效损耗水量之和,以及生态基流小于天然植被生态需水与无效损耗水量之和两种情景,前者流域生态水量为生态基流,后者流域生态水量应为天然植被生态需水与无效损耗水量之和。

基于以上计算思路,首先计算河道内无效损耗水量,利用Sentinel-1卫星的微波数据(重访周期为6 d,分辨率为5~20 m),在谷歌地球引擎遥感大数据平台支持下,基于后向散射系数影像数据计算SDWI,从而获取2010—2020年渭干河及库车河的河道水面面积数据。进一步,以渭干—库车河流域多年平均潜在蒸发量及水面蒸发折算系数,折算出在渭干—库车河及库车河在保障生态基流的河道无效损耗量。然后,结合前文天然植被生态需水及生态基流等计算结果,对比不同需水项之间的关系,推算出在保障库车河及渭干—库车河天然植被生态需水条件下,克孜尔水库和兰干断面下泄的生态水量分别为0.85亿m³和4.48亿m³,而实现生态保护及修复目标的条件下,下泄生态水量分别为1.46亿m³和4.93亿m³。而在渭干—库车河拦河闸断面以下,河道内无效耗散水量为0.23亿m³,因此,在保障天然植被基本生态需水及实现生态保护及修复目标下,渭干—库车河拦河闸断面下泄生态水量分别为3.86亿m³和4.73亿m³(表8-18)。

表8-18 渭干—库车河流域不同断面生态水量   单位:亿m³

河流	断面	生态基流			河道水面蒸发无效损耗	保障天然植被基本生态需水下的生态水量		实现生态保护及修复目标下的生态水量	
		10月至翌年5月	6—9月	水量		天然植被	生态水量	天然植被	生态水量
库车河	兰干	1.25	3.75	0.65	0.13	0.72	0.85	0.81	0.94
渭干河	克孜尔水库(下泄)	8.64	25.91	4.48	0.43	3.63	4.48	4.50	4.93
	渭干—库车河拦河闸				0.23	3.63	3.86	4.50	4.73

8.2 流域敏感期生态水量过程

8.2.1 塔里木河干流敏感期生态水量过程

河流生态水量过程除满足河道生态水量外，还应满足河道外天然植被的生态需水过程。河流生态水量过程应兼顾水文特性与天然植被需水过程，天然植被本身生长繁殖过程与河流水文过程具有一致性，但在人为引水和气候变化等要素的综合影响下，原有河流水文节律被打破，因此，实现天然植被的保护及修复应严格遵循天然植被自身生长繁育规律。基于前文河流水文规律分析，明确河流径流突变发生的年份，并参照突变发生前河流径流多年平均月过程，结合荒漠河岸林典型植物年内耗水过程，综合确定塔里木河干流断面生态水量过程。同时，考虑到塔里木河干流天然植被生长期为4—10月，其中植被生长需水旺盛季为7—9月，兼顾塔里木河干流水文特性和植被生长需水特点，河流生态水量过程只考虑6—10月，对11月至翌年5月河流生态水量仅提出水量总量保障要求，无水量过程要求。进一步，为实现荒漠河岸林的生态保护及修复，根据提出的荒漠河岸林地表水–地下水联合干扰模式以及天然植被落种时间，修复水量应以实现中度漫溢干扰过程为主要目标，促进群落结构的正向演替和生长状况的改善，为此，修复水量应集中在7—9月，并保障不同修复区在修复年限内，实现年内1~2次、30 d/次的漫溢。基于以上原则，计算得到塔里木河干流不同目标情景下保障天然植被基本生态水量与实现生态保护及修复的生态需水的生态水量过程（表8-19）。

表8-19 不同需水情景下塔里木河干流各断面生态水量

单位：亿m³

需水情景	断面	保障天然植被基本生态需水下的生态水量							满足生态保护及修复需水下的生态水量	
		11月至翌年5月	6月	7月	8月	9月	10月	合计	7—9月	合计
情景1	阿拉尔	5.68	1.66	7.66	10.01	6.63	0.90	32.55	4.16	36.71
	英巴扎	2.89	1.11	5.12	6.94	4.07	0.43	20.57	1.91	22.48
	恰拉	0.28	0.13	0.87	1.18	0.71	0.04	3.21	0.16	3.37
	大西海子	累计下泄多年平均达到2.48						2.48	0.33	2.81
情景2	阿拉尔	6.00	1.75	8.09	10.58	7.01	0.96	34.39	4.00	38.39
	英巴扎	3.15	1.21	5.58	7.56	4.44	0.46	22.41	1.91	24.32
	恰拉	0.44	0.20	1.37	1.85	1.11	0.06	5.05	1.91	5.05
	大西海子	累计下泄多年平均达到3.50						3.50	0.00	3.50

（续表）

需水情景	断面	保障天然植被基本生态需水下的生态水量							满足生态保护及修复需水下的生态水量	
		11月至翌年5月	6月	7月	8月	9月	10月	合计	7—9月	合计
情景3	阿拉尔	5.72	1.67	7.72	10.09	6.68	0.91	32.80	4.33	37.13
	英巴扎	2.92	1.13	5.19	7.03	4.12	0.43	20.82	2.24	23.06
	恰拉	0.30	0.14	0.94	1.27	0.76	0.04	3.46	0.33	3.79
	大西海子	累计下泄多年平均达到2.73						2.73	0.33	3.06
情景4	阿拉尔	5.78	1.69	7.79	10.18	6.74	0.92	33.10	4.33	37.43
	英巴扎	2.97	1.14	5.26	7.13	4.18	0.44	21.12	2.24	23.36
	恰拉	0.33	0.15	1.02	1.38	0.83	0.04	3.76	0.33	4.09
	大西海子	累计下泄多年平均达到3.03						3.03	0.33	3.36

根据表8-19，在保障天然植被基本生态需水的需求下，在4种需水情景下，大西海子多年累积下泄水量分别达到2.48亿m³、3.50亿m³、2.73亿m³、3.03亿m³。而在情景1（仅维持塔里木河下游与台特玛湖的水力联系）条件下，在保障生态保护及修复需水的条件下，在保障天然植被基本生态需水的生态水量基础上，在7—9月，阿拉尔、英巴扎、恰拉、大西海子应分别集中多下泄水量4.16亿m³、1.91亿m³、0.16亿m³、0.33亿m³；而在情景2（实现恰拉断面下泄水量5.05亿m³，大西海子下泄水量3.5亿m³）（根据《塔里木河流域"四源一干"水量分配方案》），在7—9月，阿拉尔、英巴扎、恰拉、大西海子应分别集中多下泄水量4.0亿m³、1.91亿m³；在情景3（台特玛湖入湖水量0.25亿m³，湖面最大面积超过60 km²）和情景4（台特玛湖入湖水量0.55亿m³，湖面最大面积超过110 km²），在7—9月，阿拉尔、英巴扎、恰拉、大西海子均应分别集中多下泄水量4.33亿m³、2.24亿m³、0.33亿m³、0.33亿m³。

8.2.2　开都—孔雀河敏感期生态水量过程

开都—孔雀河大山口水文站径流集中度相对于其他河流较低，7—9月径流仅占年均径流的38.1%，而在大山口水文站—宝浪苏木河段两岸，以胡杨、怪柳等为建群种的荒漠河岸林植被群落分布较少，多为荒漠草地、灌木林地等，为此以大山口水文站径流突变发生前（1993年）多年平均月径流过程占比为依据，推算大山口生态水量过程需求。宝浪苏木与大山口径流关联性极强，因此，宝浪苏木生态水量过程也以大山口月径流过程为依据进行推算。塔什店断面以下分布有胡杨林，为此，塔什店以下河段生态水量过程以胡杨月耗水过程为计算依据。基于以上考虑，计算得到不同情景下开都—孔雀河各断面生态水量过程（表8-20）。根据表8-20，在满足生态修复需水条件下，在7—9月，大山口、宝浪苏木和塔什店断面应集中多下泄水量0.58亿m³、0.43亿m³和0.43亿m³。

表8-20　不同需水情景下开都—孔雀河各断面生态水量　　　　　单位：亿m³

断面	保障天然植被基本生态需水水量过程					生态修复水量过程	
	10月至翌年6月	7月	8月	9月	合计	7—9月	合计
大山口	13.55	3.37	2.95	2.02	21.89	0.58	22.47
宝浪苏木	9.49	2.36	2.07	1.41	15.33	0.43	15.76
塔什店	0.50	0.95	1.29	0.77	3.51	0.43	3.94

8.2.3　和田河敏感期生态水量过程

和田河生态水量过程的推算需综合考虑生态基流、鱼类洄游及天然植被生态生长耗水过程。其中，10月至翌年3月天然植被需水量较少，以满足河流生态基流过程为主，而4—5月以满足鱼类产卵索饵育幼的需求为主，6—9月参考胡杨及柽柳耗水过程。基于以上，推算出不同情景下和田河各断面生态水量过程（表8-21）。根据表8-21，在满足生态修复需水条件下，在7—9月，乌鲁瓦提（出库）和玉龙喀什河（下泄）应集中多下泄0.42亿m³和0.28亿m³。而肖塔断面应在6—9月集中下泄2.02亿m³。

表8-21　不同需水情景下和田河各断面生态水量　　　　　单位：亿m³

断面	保障天然植被基本生态需水水量过程						生态修复水量过程	
	10月至翌年3月	4—5月	6月	7月	8月	9月	合计	7—9月	合计
乌鲁瓦提（出库）	1.49	1.14	0.62	1.20	1.15	0.34	5.94	0.42	6.36
玉龙喀什河（下泄）	1.30	0.98	1.06	2.78	2.60	0.62	9.33	0.28	9.61
肖塔	6—9月下泄水量不低于2.02								

8.2.4　叶尔羌河敏感期生态水量过程

叶尔羌河生态水量过程的推算需综合考虑生态基流及天然植被生态生长耗水过程。其中，10月至翌年5月河道生态基流即可满足天然植被生长耗水需求，因此该河段内以满足河流生态基流过程为主；叶尔羌河流域分布着面积较广的胡杨林区，为此，6—9月主要满足胡杨耗水过程，除10月至翌年5月的河道生态基流外，剩余水量在满足生态基流的基础上，根据胡杨月耗水量占比进行分配。基于以上，推算出不同情景下叶尔羌河各断面生态水量过程（表8-22）。根据表8-22，在满足生态修复水量条件下，在7—9月，喀群、艾力克他木和江卡应集中多下泄水量0.92亿m³、0.73亿m³和0.19亿m³，艾力克他木断面下泄生态水量集中在6—9月即可。

表8-22 不同需水情景下叶尔羌河各断面生态水量 单位：亿m³

断面	保障天然植被基本生态需水水量过程						生态修复水量过程	
	10月至翌年5月	6月	7月	8月	9月	合计	7—9月	合计
喀群	4.46	1.60	4.44	4.87	1.88	17.24	0.92	18.16
艾力克他木		0.76	2.12	2.32	0.90	6.10	0.73	7.02
江卡	0.59	0.14	0.40	0.44	0.17	1.74	0.19	1.74

8.2.5 阿克苏河敏感期生态水量过程

阿克苏河生态水量过程的推算需综合考虑生态基流及天然植被生态生长耗水过程。其中，10月至翌年5月河道生态基流满足天然植被生长耗水需求即可，因此该河段内以满足河流生态基流过程为主；6月生态基流量大于实际生态需水量，仍以满足生态基流为主；而7—9月主要满足天然植被耗水过程，根据胡杨、柽柳等月耗水量占比进行分配。基于以上，推算出不同情景下阿克苏河各断面生态水量过程（表8-23）。根据表8-23，在满足生态修复需水条件下，在7—9月，协合拉、沙里桂兰克、西大桥断面应集中多下泄0.10亿m³、0.19亿m³、0.23亿m³。

表8-23 不同需水情景下阿克苏河各断面生态水量 单位：亿m³

断面	保障天然植被基本生态需水水量过程						生态修复水量过程	
	10月至翌年5月	6月	7月	8月	9月	合计	7—9月	合计
协合拉	2.64	0.62	0.75	0.76	0.68	5.45	0.10	5.55
沙里桂兰克	4.76	1.19	1.44	1.44	1.29	10.13	0.19	10.32
西大桥	7.43	1.86	2.01	2.03	1.93	15.27	0.23	15.50
依玛帕夏	6.89	1.42	1.42	1.42	1.42	12.57	0.00	12.57

8.2.6 车尔臣河敏感期生态水量过程

车尔臣河生态水量过程的推算需综合考虑生态基流及天然植被生态生长耗水过程。其中，10月至翌年5月大石门河道生态基流满足天然植被生长耗水需求即可，因此该河段内以满足河流生态基流过程为主；6月大石门生态基流量大于实际生态需水量，仍以满足生态基流为主；而7—9月主要满足天然植被耗水过程，根据胡杨、柽柳等月耗水量占比进行分配。第二分水枢纽无生态基流需求，因此，生态水量主要根据天然植被柽柳、芦苇等主要物种的耗水月过程进行分配。基于以上，推算出不同情景下车尔臣河各断面生态水量过程（表8-24）。根据表8-24，在满足生态修复需水条件下，在7—9月，大石门水利枢纽和第二分水枢纽应分别集中多下泄0.19亿m³和0.19亿m³。

表8-24　不同需水情景下车尔臣河各断面生态水量　单位：亿m³

断面	保障天然植被基本生态需水水量过程						生态修复水量过程	
	10月至翌年5月	6月	7月	8月	9月	合计	7—9月	合计
大石门水利枢纽	0.86	0.21	0.83	0.91	0.35	3.16	0.19	3.35
第二分水枢纽	0.36	0.19	0.52	0.57	0.22	1.86	0.19	2.02

8.2.7　克里雅河敏感期生态水量过程

克里雅河生态水量过程的推算需综合考虑生态基流及天然植被生态生长耗水过程。其中，10月至翌年5月基音水利枢纽断面生态基流满足天然植被生长耗水需求即可，因此该河段内以满足河流生态基流过程为主；6月基音水利枢纽生态基流量大于实际生态需水量，仍以满足生态基流为主；而7—9月主要满足天然植被耗水过程，根据胡杨、柽柳等月耗水量占比进行分配。公安渠首无生态基流需求，因此，生态水量主要根据天然植被胡杨、柽柳及芦苇等主要物种的耗水月过程进行综合分配。基于以上，推算出不同情景下克里雅河各断面生态水量过程（表8-25）。根据表8-25，在满足生态修复需水条件下，在7—9月，基音水利枢纽和公安渠首应分别集中多下泄0.19亿m³和0.19亿m³。

表8-25　不同需水情景下克里雅河各断面生态水量　单位：亿m³

断面	保障天然植被基本生态需水水量过程						生态修复水量过程	
	10月至翌年5月	6月	7月	8月	9月	合计	7—9月	合计
基音水利枢纽	0.63	0.16	0.5	0.55	0.21	2.05	0.37	2.37
公安渠首	0.14	0.07	0.2	0.22	0.09	0.73	0.17	0.90

8.2.8　迪那河敏感期生态水量过程

迪那河生态水量过程的推算需综合考虑生态基流及天然植被生态生长耗水过程。其中，10月至翌年6月迪那河水文站河道生态基流满足天然植被生长耗水需求即可，因此该河段内以满足河流生态基流过程为主；而7—9月主要满足天然植被耗水过程，根据胡杨、柽柳等月耗水量占比进行分配。基于以上,推算出不同情景下迪那河水文站断面生态水量过程(表8-26)。根据表8-26,在满足生态修复需水条件下,在7—9月,迪那河水文站应集中多下泄0.40亿m³。

表8-26 不同需水情景下迪那河断面生态水量 单位:亿m³

断面	保障天然植被基本生态需水水量过程					生态修复水量过程	
	10月至翌年6月	7月	8月	9月	合计	7—9月	合计
迪那水文站	0.61	0.47	0.49	0.20	1.78	0.40	2.36

8.2.9 喀什噶尔河敏感期生态水量过程

喀什噶尔河生态水量过程的推算需综合考虑生态基流及天然植被生态生长耗水过程。其中,10月至翌年6月喀什噶尔河河道生态基流即可满足天然植被生长耗水需求,因此该河段内以满足河流生态基流过程为主;而7—9月主要满足天然植被耗水过程,根据天然植被月耗水占比进行分配。基于以上,推算出不同情景下喀什噶尔河水文站断面生态水量过程(表8-27)。根据表8-27,在满足生态修复水量条件下,在7—9月,喀什噶尔河水文站应集中多下泄0.34亿m³。

表8-27 不同需水情景下喀什噶尔河断面生态水量 单位:亿m³

河流	断面	保障天然植被基本生态需水水量过程					生态修复水量过程	
		10月至翌年6月	7月	8月	9月	合计	7—9月	合计
布谷孜河	阿湖水库	0.14	0.27	0.29	0.11	0.81	0.08	0.88
盖孜河	布仑口—公格尔水电站	0.72	0.40	0.44	0.16	1.72	0.17	1.90
克孜河	塔日勒尕水电站	2.33						
	卡拉贝利水利枢纽	2.75	0.68	0.75	0.27	4.45	0.01	4.46
库山河	库尔干水利枢纽	0.94	0.20	0.22	0.08	1.44	0.00	1.44
恰克马克	托帕水库	0.16	0.03	0.04	0.01	0.25	0.00	0.25
吐曼河	—		0.08	0.09	0.03		0.02	0.23
依格孜牙	克孜勒塔克水文站	0.14	0.15	0.16	0.06	0.51	0.06	0.57

8.2.10 渭干—库车河敏感期生态水量过程

渭干—库车河生态水量过程的推算需综合考虑生态基流及天然植被生态生长耗水

过程。其中，10月至翌年6月河道生态基流满足天然植被生长耗水需求即可，因此该河段内以满足河流生态基流过程为主；而7—9月主要满足天然植被耗水过程，因此应根据天然植被月耗水量占比进行分配。但克孜尔水库生态基流要求高于天然植被月耗水量，因此以满足生态基流过程为主。基于以上，推算出不同情景下各断面生态水量过程（表8-28）。根据表8-28，在满足生态修复水量条件下，在7—9月，兰干及克孜尔水库应集中多下泄0.96亿m³。

表8-28 不同需水情景下渭干—库车河断面生态水量 单位：亿m³

断面	保障天然植被基本生态需水水量过程					生态修复水量过程	
	10月至翌年6月	7月	8月	9月	合计	7—9月	合计
兰干	0.36	0.20	0.22	0.08	0.85	0.09	0.94
克孜尔水库（下泄）	2.46	0.67	0.67	0.67	4.48	0.87	4.93

第9章

塔里木河流域生态需水保障

9.1 实施严格的河段用水管理及科学调度

9.1.1 依照"三条红线"实行最严格水资源管理制度

根据新疆维吾尔自治区（以下简称"自治区"）制定的"三条红线"控制指标，严格控制灌溉面积，实施分步骤退出超出耕地面积，对超计划用水实行差别水价和惩罚式水价，在平水年和丰水年的情况下优先考虑生态建设和生态用水，细化各河段生产、生态、生活等用水比例。

9.1.2 完善断面水量及河段用水考核

在流域断面下泄水量指标中，要求各单位确定各河段分阶段下泄水量指标，并明确责任，将断面水量考核责任落实到站所，落实到人。为进一步保障河流生态水量，实现生态保护，应在新疆塔里木河流域管理局在全流域推行断面水量考核工作的基础上，进一步完善河段生态用水考核（以生态闸引水等为主），明确各断面水量及河段生态用水分河段考核工作实施方案，方案明确各基层管理站点河段管理范围、不同来水频率的下泄指标、生态引水比例、责任人、考核标准及保障措施等。

9.1.3 科学调度，统一调度

应根据河流生态水量，实施水量的科学调度和统一调度，遵循统一调度、分级负责、总量控制与重要节点流量（水量）控制相结合的原则。年度水量调度计划由新疆塔里木河流域管理局依据经批准的年度水量分配方案和年度预测来水量、水库蓄水量，按照同比例丰增枯减的原则，在综合平衡申报的年度用水计划和重要水库运行计划建议的基础上制订。根据年度水量调度预案，采取"年计划、月调节、旬调度"的方式开展水量调度工作。水量调度实行全年调度，及时结算各用水单位上一旬实际耗用水量，并与计划相比较，然后根据各河来水预报及上一旬超用水情况进行滚动分析计算，修正调整本旬计划并下达调度指令。调度期间，一旦发现超调度计划用水情况，即刻下发调度指令，要求用水单位采取关闸闭口或压闸减水措施扣减超用水量。实施流域水量统一调度，可以促进流域与区域相结合的水资源综合管理体制的建立和完善，可使生态环境用水得到基本保证，促进水资源的可持续利用，对于维护各方的水权、提高用水单位的用水意识起到关键作用。

9.2 健全生态水保障法规体系，加强非生态用水执法管理

9.2.1 全面推进湖长制

全面推行湖长制，坚持政府引导、法律监督、市场推动、公众参与相结合，充分调动各方面积极性，建立多元化投入机制，努力形成符合市场经济规律的建设、调控、监督新机制，探索村民自治与政府支持相结合的运行和管理机制。同时，将加大法治建设力度作为根本性制度措施，切实将涉湖活动纳入法治化轨道，加强依法管理，完善长效管理机制。

9.2.2 完善保障生态水量的法规体系

流域立法对流域水资源综合管理具有法律依据性的功能作用，为流域水资源综合管理体制机制的完善提供保障。随着经济社会的快速发展，生产与生态供需水矛盾十分突出。为避免超限额用水、挤占生态水事件的发生，应进一步修订完善《新疆维吾尔自治区塔里木河流域水资源管理条例》，明确协调发展、统筹兼顾、环境保护优先等基本原则，并完善流域水资源综合管理体制机制等内容。同时，吸收其他部门（如《中华人民共和国环境保护法》《中华人民共和国森林法》等）的立法经验，创新流域水资源综合管理基本制度。此外，还应修订流域水量调度办法，配套完善塔里木河流域水资源综合管理法律法规体系，为实现流域经济社会全面、协调、可持续发展提供法律保障。

9.2.3 严禁非法用水活动，强化日常巡查监管

要划定河段管理范围，加强用水管理和保护，严格涉河建筑物审批，严格涉水旅游活动监管，持续开展专项执法监督活动，坚决清理侵占水域岸线的活动。完善日常监管巡查制度，制订巡查工作方案，明确巡查责任，落实执法机构、人员、装备和经费。

9.3 建立优化生态水挤占补偿机制

9.3.1 建立水权交易市场，实现退地还水于生态

退地退水直至维持合理的灌溉规模，是塔里木河生态保护与修复的必然出路。但从

实际来看，长期单纯采取行政手段或强制措施退地退水会面临巨大挑战。因此，可结合市场手段，通过建立水权交易市场，完善水权分配、交易及补偿制度，确立明确的水权主体；并根据当前流域水资源综合利用、灌溉管理、水利工程建设与运行管理条件、灌区节约用水以及水价现状，在严格落实"三条红线"的基础上，通过对用水户承受能力的综合调查和认真分析测算，逐步调整水价，充分发挥水权主体的积极性，从而达到利用市场机制进行水资源的优化配置、实现退地还水于生态的目的。

9.3.2 制定详细的生态水量挤占行为管理办法

当前在流域生态保护和水资源开发利用关系协调方面的机制缺失，使生态保护及经济利益相关方在生态保护者与经济受益者、受益者与受害者之间形成不公平分配，导致经济受益者无偿占有，而不承担破坏生态的责任和成本；受害者得不到应有的经济补偿，挫伤了其节约用水和保护生态的积极性。这种生态保护与经济利益关系的扭曲，不仅使流域的生态保护和水资源管理面临很大困难，而且影响了地区之间以及利益相关方之间的和谐。因此，应制定《塔里木河流域生态水量占用补偿费征收管理办法》，按照"谁破坏谁治理、谁占用谁补偿"的原则，逐步建立和实施塔里木河流域生态水量占用补偿机制。一方面，对占用塔里木河流域生态水量的，采用累进加价征收生态水量占用补偿费；另一方面，对超限额用水而拒不缴纳生态占用补偿费的，由自治区人民政府强制行使惩罚措施：对抢占挤占生态水量的单位，在流域内通报批评、追究领导责任的同时，还要责令其按当地水费的若干倍交纳生态补偿费；对占用他人限额内水量的，以其高位水价的若干倍给予补偿。通过生态水量占用补偿机制，充分发挥生态资本价值的杠杆调节作用，强化流域内节约用水意识，促进节水型社会的建设。

9.4 连续枯水年时的对策和考核建议

（1）坚持以水利主管部门为主，其他相关部门为辅，且各部分间相互协作的原则

枯水年调水不单是水利部门的涉水管理，与其他用水部门如国土、农业、林业等皆息息相关，只有各部门间通力合作，才能使枯水年调水方案尽快顺利推行并落到实处。

（2）坚持枯水年水量调度和考核适度灵活的原则

在枯水年份，水量考核应首先保证生活、生产用水，但3~5年应至少充分满足1次生态需水要求，而汛期应将亏缺水量进行回补。断流河段的生活用水可适当抽取地下水补充；生态用水仅以河损的方式补给。因此，各断面生态供水任务也应该以3~5年平均下泄水量为考核标准，体现水量调度考核适度的灵活性。

（3）局部利益服从整体利益，各部门坚决服从自治区人民政府统一管理的原则

在用水区域上应有所舍弃，协调好生产、生活、生态用水，上中下游、左右岸、新

疆生产建设兵团与地方的用水需求，遵循局部利益服从整体利益的原则，无条件服从自治区人民政府对塔里木河流域水量的统一调配。

9.5 实施水资源综合管理，逐步形成多方监督机制

水资源管理决策是在体现社会各方面成员的意见与意志的基础上，从社会总体利益最大的角度来考虑制定的，因而，涉及水资源的决策可由社会各方面人士共同构成。现代水资源管理的执行需要很高的专业素质与技能，在制订决策方案时，应考虑由专业技术人员构成的专门机构来拟定和开展咨询。

流域水资源综合管理涉及诸多领域，规范而有效的公众参与机制将使水资源更易被利益相关方和公众接受，通过一种自上而下和自下而上相结合的管理模式，易对水资源开发利用行为起到监督作用。通过公众参与，可对水资源管理方面的实施情况、实施中出现的问题进行监督，督促水资源合理利用、节约保护措施的落实，并及时反馈给决策与实施部门，使决策更为合理、可行，便于操作，正如《里约宣言》所倡导的"应广泛地提供信息，从而促进和鼓励公众的了解和参与"。

塔里木河流域水资源综合管理要逐渐转变"政府主导"的传统水资源管理模式，在利益相关方和公众参与方面进行完善改进。主要采取以下做法。

一是政务公开。除涉及国家秘密、依法受到保护的商业秘密和个人隐私外，对各类水行政管理和公共服务事项都要如实公开，提高水行政行为的透明度和办事效率，应向公众公布水资源和供水可靠的官方调查结果和总量数据、最新的用水和排污记录、水权的受益者及相应的分水量等信息。

二是采取会议形式。采取征询、听证、专家论证、多方协商等会议方式，广泛听取利益相关方、普通民众、社会团体的意见建议，扩大公众参与的广度和加深公众参与的深度。

三是专家论证。专家直接参与水资源开发利用、节约、保护、管理等方案的制订与实施，与水资源领域相关的资深专业人士具有丰富的经验和专业知识，可作为咨询专家为管理者和决策者提供理论指导和技术支持。

参考文献

阿布都热合曼·哈力克，2011. 新疆且末绿洲适度规模及其可持续发展研究[D]. 北京：中国矿业大学.

艾克热木·阿布拉，董宗炜，艾沙江·艾力，等，2022. 和田河下游植被分布及生理指标对水分条件的响应[J]. 林业与环境科学，38（5）：77-87.

陈世苹，2003. 内蒙古锡林河流域主要植物种、功能群和群落水分利用效率的研究[D]. 北京：中国科学院研究生院（中国科学院植物研究所）.

陈亚宁，徐宗学，2004. 全球气候变化对新疆塔里木河流域水资源的可能性影响[J]. 中国科学D辑：地球科学，34（11）：1047-1053.

邓铭江，周海鹰，徐海量，等，2016. 塔里木河下游生态输水与生态调度研究[J]. 中国科学：技术科学，46（8）：864-876.

樊自立，马英杰，张宏，等，2004. 塔里木河流域生态地下水位及其合理深度确定[J]. 干旱区地理，27（1）：8-13.

付爱红，陈亚宁，李卫红，2019. 一种干旱区内陆河流域生产、生活和生态用水的配置方法[P]. 新疆维吾尔自治区：CN201910488384.9，2019-09-17.

胡广录，赵文智，2008. 干旱半干旱区植被生态需水量计算方法评述[J]. 生态学报，28（12）：6282-6291.

黄金龙，陶辉，苏布达，等，2014. 塔里木河流域极端气候事件模拟与RCP4.5情景下的预估研究[J]. 干旱区地理，37（3）：490-498.

姜作发，霍堂斌，张丽荣，等，2011. 新疆塔里木河鱼类资源现状及保护对策[C]//中国水产学会渔业资源与环境分会. 中国水产学会渔业资源与环境分会2011年学术交流会会议论文（摘要）集.

蒋高明，耿龙年，陈业材，1995. 植物样品中碳、硫稳定同位素的测试[J]. 植物学通报，12（S2）：230-237.

李延梅，牛栋，张志强，等，2009. 国际生物多样性研究科学计划与热点述评[J]. 生态学报，29（4）：2115-2123.

凌红波，邓晓雅，张广朋，等. 一种流域干流枯水年生态调水方法[P]. 新疆维吾尔自治区：CN202110396657.4，2021-06-18.

刘维忠，2004. 新疆塔里木河流域土地资源利用的政策研究[J]. 国土资源（3）：26-27.

满苏尔·沙比提，玉苏甫·买买提，娜斯曼·那斯尔丁，2016. 天山托木尔峰国家级自然保护区垂直自然带景观特征分析[J]. 冰川冻土，38（5）：1425-1431.

祁泽慧，2017. 大汶河流域水生态系统评价与水生态文明建设研究[D]. 济南：济南大学.

热合曼·依米提，2016. 塔里木河流域干流修筑防洪坝对两岸生态环境影响分析[J]. 河南水利与南水北调（5）：10-11.

任铭，2013. 塔里木河下游输水后地表植被响应的生态经济分析[D]. 乌鲁木齐：新疆师范大学.

斯仁道尔吉，2017. 扩展双曲正切函数法的推广及其应用[J]. 内蒙古大学学报（自然科学版），48（5）：492-498.

宋郁东，2002. 塔里木河流域整治及生态环境保护[D]. 乌鲁木齐：中国科学院新疆生态与地理研究所.

苏培玺，严巧嫡，陈怀顺，2005. 荒漠植物叶片或同化枝$\delta^{13}C$值及水分利用效率研究[J]. 西北植物学报，25（4）：727-732.

苏晓岚，2007. 沧海桑田塔克拉玛干[C]//中国气象学会. 中国气象学会2007年年会加强气象科普能力建设，推动气象事业又好又快发展分会场论文集. 乌鲁木齐：新疆气象科技服务中心.

王猛，2004. 水权市场研究：以塔里木河流域为例[D]. 乌鲁木齐：新疆大学.

许方岳，陈帅威，王立夫，等，2020. 干旱对庐山日本柳杉径向生长量的影响[J]. 江西农业大学学报，42（4）：811-820.

薛杰，李兰海，李雪梅，等，2014. 开都河流域降水与径流年内分配特征及其变化的同步性分析[J]. 干旱区资源与环境，28（12）：99-104.

杨春伟，赵秀生，于素花，2001. 塔里木河流域欠水年配水方案的系统动力学分析[J]. 西北水资源与水工程（2）：1-4，9.

杨梓涵，崔峥铮，张鹏程，2023. 不同核函数高斯过程回归算法与不同因子输入情况下对长江流域蒸散发量应用研究[J]. 水利科技与经济，29（9）：19-25.

叶朝霞，陈亚宁，张霞，等，2009. 塔里木河断流与未来水文情势分析[J]. 干旱区地理，32（6）：841-849.

禹朴家，徐海量，张青青，等，2010. 新疆三工河流域土壤类型复杂性研究[J]. 中国生态农业学报，18（6）：1330-1334.

喻树龙，袁玉江，魏文寿，等，2008. 天山北坡西部树木年轮对气候因子的响应分析及气温重建[J]. 中国沙漠，28（5）：827-832.

袁敏敏，2016. 新疆西昆仑山菊科植物研究[D]. 石河子：石河子大学.

赵锐锋，姜朋辉，陈亚宁，等，2012. 塔里木河干流区土地利用/覆被变化及其生态环境效应[J]. 地理科学，32（2）：244-250.

张少博，李建贵，杨文英，等，2017. 基于因子分析的不同土壤类型条件下灰枣果实品质研究[J]. 经济林研究，35（4）：99-104，117.

张同文，王丽丽，袁玉江，等，2011. 利用年轮宽度资料重建天山中段南坡巴仑台地区过去645年来的降水变化[J]. 地理科学，31（2）：251-256.

张正红，张富，雍东鹤，等，2023. 基于Mann-Kendall法的祖厉河流域水沙特征及趋势分析[J]. 甘肃科学学报，35（6）：58-63.

周梦甜，李军，朱康文，2015. 近15 a新疆不同类型植被NDVI时空动态变化及对气候变化的响应[J]. 干旱区地理，38（4）：779-787.

周敏，2013. 干旱区季节性河流和田河中下游侧向渗漏遥感研究[D]. 乌鲁木齐：新疆师范大学.